大学入試

坂田薫の

スタンダード

化学

化学講師 坂田薫〔著〕

改訂新版

無機 編

技術評論社

これから本書を読む前に
〜 無機化学の勉強法 〜

みなさん、こんにちは。坂田薫です。

みなさんは、無機化学に関してどのようなイメージを持っていますか？

「暗記が多い」と思っている人は少なくないと思います。

それは、「化学反応式は全て暗記するもの」という勘違いからかもしれません。

無機化学できちんと反応を学べば、化学反応式の多くは、その場で作ることができます。

もちろん、化合物の色など暗記すべきものもありますが、決して暗記ばかりではないのです。

そして、受験生を見ていると、化学の学習において「無機化学」をおろそかにしている人が多いように感じます。

無機化学は、化学反応や物質の性質を学ぶ、ある意味一番化学らしい分野であり、全ての分野に応用できる根本のテーマともいえます。

例えば、無機化学で「弱酸遊離反応」を学べば、それを用いた理論化学の計算問題にスムーズに対応でき、有機化学のカルボン酸の検出法は丸暗記ではなくなるのです。

今まで無機化学をおろそかにしていたり、暗記ばかりのイメージがあった受験生には、ぜひ本書で無機化学の世界に触れて欲しいと思います。

無機化学に対するネガティブなイメージが払拭され、化学全体の学習がスムーズになるよう、受験生がつまずきやすい部分を意識しながら書きました。

構成が学校の教科書や授業と異なり、最初違和感を感じるかもしれませんが、「無機化学を効率よく克服するため」と信じ、やり抜いてください。

まずは、限りある時間の中で、第一志望合格に向け、無機化学の実力をつけるにはどうすればいいのかを確認してから各単元に入っていきましょう。

①無機反応と徹底的に向き合う。

そうすれば、化学反応式が自分で作れるようになる。

化学反応式がスラスラと作れるようになると、化学が楽しくなると思いませんか。

化学反応式が書けると量的関係がわかるため、理論化学の計算がスムーズになります。そして、物質が有機化合物に変わっても対応できるのです。

無機化学での最初の山です。

化学反応式を自分で作ることができるようになるためです！　腹をくくって、臨みましょう!!

➡化学反応式を作ることができない人は第1章へ

②主要テーマを克服する。

そうすれば、バラバラに確認していた知識が整理でき、暗記する量が減る。

最初から「1族の性質」「17族の性質」のように、族別に勉強している人もいるかもしれません。

族別の確認の前に「気体」「金属の単体」のように大きなテーマで確認していくと、無機化学全体が整理でき、バラバラに見ていくより暗記量が減ります。

そして、①と②で無機化学の重い部分はほぼ終わりです。

➡化学反応式を作ることができるけれど、無機化学全体が整理できていない
　人は第2章へ

③族別（元素別）に性質を確認する。

そうすれば、化合物に愛着がわく。

ただひたすら族別（元素別）に性質を確認していくだけでは、楽しく感じることはないと思います。

「化学の勉強の中で出会う物質たちの性格を見ていく」と思って向き合ってみましょう。

みなさんがお友達と接するとき、お友達の性格を考えて対応していますよね。

「あの子は何でもまっすぐ受け止めるから、冗談は控えておこう」とか「あの子は突っ込まれるのが好きだから、どんどん突っ込もう」とか。

それと同じで、物質たちにも性格があります。それを見ていくのが族別（元素別）各論です。

無機化合物の性格を知り、愛していきましょう！

➡族別（元素別）各論のみ仕上げが必要な人は第3章・第4章へ

● 『無機化学初心者』
 ➡ 第1章から順にやりましょう。

● 『化学反応式は作ることができる。でも、無機化学全体が整理できていない』
 ➡ 第2章からやりましょう。

● 『仕上げに族別（元素別）の各論を確認したい』
 ➡ 第3・4章から確認しましょう。
  （化学反応式を作ることができ、テーマ別の勉強が完成できていることが前提になっています）

みなさんと私と共に無機化学を楽しんでいくのが、チワワの「きよし」と「ゆうこ」です。

「きよし」と「ゆうこ」のやりとりから見えてくるものがありますよ。どうぞ可愛がってやってくださいね。

チワワのきよしです。僕は薫さんの影響で、化学が得意です。
理論編と有機編を終えたゆうこちゃんが、最近、手強くなってきました。
負けないように頑張ります。よろしく。

チワワのゆうこです。私は化学が苦手でした。
でも、理論編と有機編を頑張ったら、いろんなことがつながってきて、薫さんやきよしくんの言うことがわかり始めました。
最近化学が楽しいです。みなさん、よろしくね。

まずは、化学反応式が作れるようになりましょう。

そして、無機化合物の性格（性質）を知り、愛していきましょう。

化学反応式を作ることができるようになる過程が、一番苦しいと思います。

それでも、強い気持ちを持って克服し、化学全体の学習に役立てていきましょう。

みなさんが無機化学を克服し、夢を叶えることができるよう、本書を通じて祈り応援しています。

『坂田薫のスタンダード化学 －無機化学編』
目 次

第1章 無機化合物の反応

無機化合物の化学反応式は、数え切れないくらいたくさんあります。

しかし、それらはいくつかの反応に分けることができます。

物質が違っても、起こっている反応は同じなのです。

その反応を理解しておけば、多くの化学反応式は、暗記していなくても作ることができます。

第1章の目標

→ 無機化合物の反応を理解しよう。

→ 物質の組み合わせから反応名が答えられるようになろう。

→ 手を動かして化学反応式を書く練習をしよう。

§1 酸・塩基の反応

多くの物質は固体で存在しています。

固体は構成粒子が自由に動き回っていないため、反応しにくく、反応させるには工夫が必要です。

「加熱」も1つの方法ですが、もっと簡単なのが「水に溶かして水溶液にする」ことです。

ただし、水の中では常に「水の電離平衡（➡理論化学編 p.135）」が成立しています。

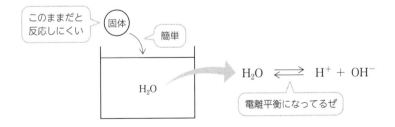

このままだと反応しにくい

固体

簡単

H_2O

$H_2O \rightleftharpoons H^+ + OH^-$

電離平衡になってるぜ

ですから、水溶液を扱うときには、水の電離平衡に影響を与える「水素イオン H^+ を生成するもの」「水酸化物イオン OH^- を生成するもの」の判断が必要になります。

すなわち「酸」と「塩基」を理解することが必要なのです。

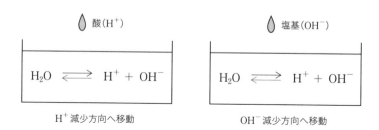

酸(H^+)

$$H_2O \rightleftharpoons H^+ + OH^-$$

H^+ 減少方向へ移動

塩基(OH^-)

$$H_2O \rightleftharpoons H^+ + OH^-$$

OH^- 減少方向へ移動

よって、「酸と塩基の反応」に入る前に「酸と塩基の判断」を確認していきましょう。

理論化学編で強酸・強塩基も覚えたし、酸と塩基の判断はもうできるわ。

無機化学ではもっと深く見ていくよ。オキソ酸の構造の書き方もね。

①代表的な酸・塩基

まず、強酸(SA：Strong Acid)と強塩基(SB：Strong Base)を確認しておきましょう。

これらは覚え、覚えていないものは弱酸(WA：Weak Acid)・弱塩基(WB：Weak Base)と判断します。

SA 過塩素酸 $HClO_4$　　硫酸 H_2SO_4　　塩酸 HCl　　硝酸 HNO_3

　　ヨウ化水素酸 HI　　臭化水素酸 HBr

SB 水酸化カリウム KOH　　　水酸化ナトリウム $NaOH$

　　水酸化バリウム $Ba(OH)_2$　水酸化カルシウム $Ca(OH)_2$

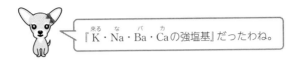

『来るな、バカの強塩基』だったわね。

(1) XOH型（オキソ酸・水酸化物）

　XOHという形の化合物は、水素イオンH^+を生成することもOH^-を生成することもできます。すなわち、酸にも塩基にもなることができるのです。

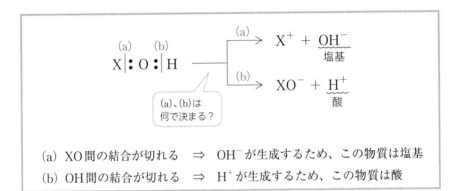

(a) XO間の結合が切れる　⇒　OH^-が生成するため、この物質は塩基

(b) OH間の結合が切れる　⇒　H^+が生成するため、この物質は酸

　(a)(b)どちらの結合が切れるかは、「電気陰性度χ（➡理論化学編p.66）の差」で決まります。

　　電気陰性度χの差が大きい　⇒　共有電子対の偏りが大きい
　　　　　　　　　　　　　　　　⇒　結合が切れやすい

となります。

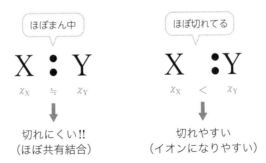

では、電気陰性度 χ を確認してみましょう。

$$X \colon O \colon H$$

電気陰性度 χ χ_X 3.4   2.2

差 $3.4-\chi_X$ 1.2

    OH 間の電気陰性度 χ の差 ⇒ $3.4-2.2=\underline{1.2}$

    XO 間の電気陰性度 χ の差 ⇒ $3.4-\chi_x$

以上より、

    $3.4-\chi_x>1.2$ すなわち $\chi_x<2.2$ のとき ⇒ （a）で切れる ⇒ 塩基

    $3.4-\chi_x<1.2$ すなわち $\chi_x>2.2$ のとき ⇒ （b）で切れる ⇒ 酸

このように判断することができます。

このとき、すべての元素の電気陰性度 χ を暗記しておく必要はありません。

基本的に

    金属元素の電気陰性度 $\chi<2.2$

    非金属元素の電気陰性度 $\chi>2.2$

なので、

    X が金属元素   ⇒（a）で結合が切れる ⇒ **塩基**

    X が非金属元素 ⇒（b）で結合が切れる ⇒ **酸**

と判断して構いません。

    このように塩基になる XOH 型化合物を**水酸化物**、酸になる XOH 型化合物を**オキソ酸**といいます。

オキソ酸って『酸素 O 原子をもつ酸』だと思ってたわ？

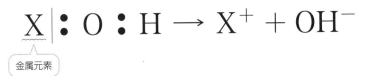

その通りだよ。『O原子をもつ酸』がオキソ酸だよ。
硫酸H_2SO_4、硝酸HNO_3、リン酸H_3PO_4……全部O原子
があるからオキソ酸だね。

水酸化物

$$X \mid : O : H \longrightarrow X^+ + OH^-$$

（X の下に）金属元素

例 水酸化ナトリウム NaOH

 Xが金属元素 ⇒ （a）で結合が切れる ⇒ 水酸化物

 $NaOH \longrightarrow Na^+ + OH^-$

NaOHがNa^+とOH^-に電離するのなんて、当たり前じゃない？

まあ、そうだね。問題はオキソ酸だよ。腹をくくって向き合おう。

オキソ酸（酸素O原子をもつ酸）

$$X : O : \mid H \longrightarrow XO^- + H^+$$

（X の下に）非金属元素

例 次亜塩素酸ClOH

 Xが非金属元素 ⇒ （b）で結合が切れる ⇒ オキソ酸

 $ClOH \longrightarrow H^+ + ClO^-$

……この違和感はなあに？ 次亜塩素酸って、HClOじゃない？

そうそう!! そこがオキソ酸の難しいところなんだ。

オキソ酸の本当の構造はXOHですが、酸であることを強調するために水素H原子を前に出し、HXOと表します。

例 次亜塩素酸

本当の構造 ⇒ Cl−OH

通常の表記 ⇒ HClO

ここで徹底してください。

オキソ酸はすべて「−OH」という構造をもっています。

オキソ酸の構造式（電子式）の作り方

オキソ酸には必ず「−OH」という構造があります。

それを意識した上で、硫酸H_2SO_4を例にして構造式（電子式）の作り方を確認していきましょう。

（ⅰ）H原子の数から、オキソ酸がもっている−OHの数をチェック

例 H_2SO_4にはH原子が2つ ⇒ −OHが2つ

（ⅱ）Xの電子式（➡理論化学編p.64）を書き、不対電子に−OHをつける

例 硫黄Sは16族 ⇒ 最外殻電子6つ（不対電子2つ）

不対e⁻のところに
−OHをつけるよ

（ⅲ）まだ不対電子が残っているときは対にする

例 −OHをつけた後、S原子に不対電子なし

不対e⁻なし

HO:S:OH

もし ·X:OH だったら

↓

まとめる :X:OH

（ⅳ）Xの最外殻電子がオクテット（8個）になるように酸素O原子を結合させる
（（ⅲ）の時点でオクテットのときは配位結合、オクテットでないときは共
有結合）

例 S原子はすでにオクテット ⇒ 残ったO原子2つは配位結合

すでにオクテットもうe⁻はいらねぇ

のこりのO原子には
おごってやろう

これでみんな幸せ

全員がオクテットか
確認しよう!!

$$
\left(
\begin{array}{c}
構造式 \quad
\begin{array}{c}
O \\
\uparrow \\
HO-S-OH \\
\downarrow \\
O
\end{array}
\end{array}
\right)
$$

以上の流れでオキソ酸の構造式を作ります。

手を動かして練習してみよう!!

次のオキソ酸の構造式は？

(1) 過塩素酸 $HClO_4$　(2) リン酸 H_3PO_4　(3) 硝酸 HNO_3　(4) 炭酸 H_2CO_3

解：

(1) $HClO_4$

　（ⅰ）H原子1つ　⇒　$-OH$ 1つ

　（ⅱ）Cl原子は17族　⇒　最外殻電子7つ（不対電子1つ）

　（ⅲ）Cl原子に不対電子は残っていない

　（ⅳ）Cl原子は、すでにオクテット　⇒　残るO原子3つは配位結合

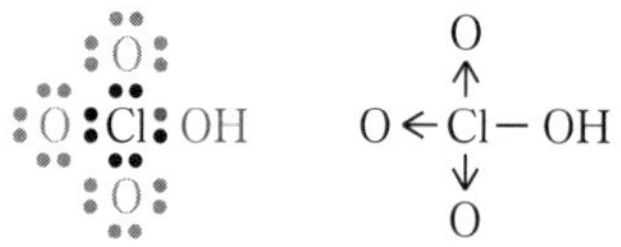

(2) H_3PO_4

　（ⅰ）H原子3つ　⇒　$-OH$ 3つ

　（ⅱ）P原子は15族　⇒　最外殻電子5つ（不対電子3つ）

　（ⅲ）P原子に不対電子は残っていない

　（ⅳ）P原子は、すでにオクテット　⇒　残るO原子1つは配位結合

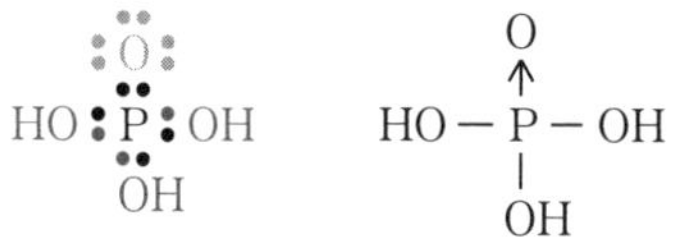

(3) HNO_3

　（ⅰ）H原子1つ　⇒　$-OH$ 1つ

　（ⅱ）N原子は15族　⇒　最外殻電子5つ（不対電子3つ）

　（ⅲ）$-OH$をつけた後、N原子に不対電子2つ　⇒　まとめて対にする

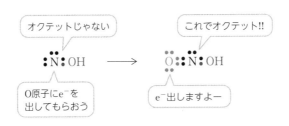

（iv）N原子はオクテットではない ⇒ 残るO原子2つのうち1つと共有結合

これでオクテット

⇒ 残るO原子1つとは配位結合

$$O=N-OH$$

(4) H_2CO_3

（ⅰ）H原子2つ ⇒ −OH 2つ

（ⅱ）C原子は14族 ⇒ 最外殻電子4つ（不対電子4つ）

（ⅲ）−OHをつけた後、C原子に不対電子2つ ⇒ まとめて対にする

対が落ち着く

$HO \cdot \overset{\cdot\cdot}{C} \cdot OH$ ⟶ $HO \cdot \overset{\cdot\cdot}{C} \cdot OH$

不対はいやだ

（iv）C原子はオクテットではない ⇒ 残るO原子1つと共有結合

これでオクテット

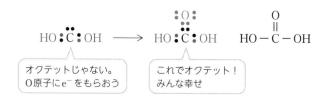

オクテットじゃない。
O原子にe⁻をもらおう

これでオクテット！
みんな幸せ

応用 **強いオキソ酸の条件**

オキソ酸の中にも強弱があります。

オキソ酸の強弱が何で決まるかを確認していきましょう。

O原子の方に偏ってるほど
H^+が出ていきやすい

強いオキソ酸 ⇒ H^+ が電離しやすい ⇒ OH間の極性が大きい

では、OHの極性が大きいのはどんなときでしょうか。

1つは「**Xの電気陰性度χが大きい**」ときです。

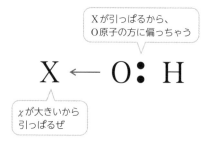

Xが引っぱるから、
O原子の方に偏っちゃう

χが大きいから
引っぱるぜ

Xの電気陰性度χが大きい ⇒ Xが電子を引き付けるため、OHの極性がより大きくなる

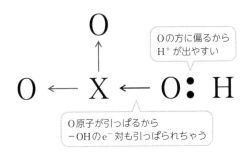

例 過塩素酸$HClO_4$と硫酸H_2SO_4の強弱

　　塩素Clと硫黄Sの電気陰性度χの強弱は$\chi_{Cl}>\chi_S$であるため、酸の強弱は

　　　　$HClO_4>H_2SO_4$

　　と判断できます。

2つ目は「**オキソ酸に含まれる酸素O原子の数が多い（Xの酸化数が大きい）**」
ときです（酸化数➡理論化学編p.176）。

　酸素O原子は電気陰性度χが大きいため、

　　Xに結合しているO原子の数が多い（Xの酸化数が大きい）

　　⇒　Xの電子が引っ張られる

　　⇒　XがよりOHの電子を引き付ける

　　⇒　OHの極性がより大きくなる

といえます。

例 硫酸H_2SO_4と亜硫酸H_2SO_3

　　H_2SO_4の方がO原子を多くもっているため、酸の強弱は

　　　　$H_2SO_4>H_2SO_3$

　　となります。

　　ちなみに、それぞれの酸化数は$+6$、$+4$です。

　　　　$\underset{+6}{H_2S}O_4>\underset{+4}{H_2S}O_3$

　　強弱の判断だけなら、O原子の数を見たほうが早いですね。

それに、H_2SO_4 は強酸として覚えていて、H_2SO_3 は覚えていないので弱酸ですね。

強い水酸化物の条件はどうなるの？

強いオキソ酸の真逆だよ。
『Xの電気陰性度χが小さく、O原子数が小さい』だね。あまり問われないから、強いオキソ酸の条件をしっかり理解して「塩基はその逆」でいいと思うよ。

(2) XO型 (酸化物)

XO型は、酸化物といわれます。

化学式だけを見ると H^+ も OH^- も生じないため、酸にも塩基にもなりそうにありません。

$$XO$$

H原子が無いから
H^+ も OH^- も出せない

しかし「水の中」で考えると酸や塩基の姿が見えてきます。

Xが2価として考えていきましょう。

2価ってことは X^{2+} ってイメージだよ。酸素Oも2価で O^{2-} だから、2価同士でXOと表すことができるね。

$$\underset{2価}{X} \quad \underset{2価}{O} \quad \longrightarrow \quad \overset{\delta+}{X} = \overset{\delta-}{O}$$

酸素O原子は電気陰性度χが大きいため、電子対を引きつけてマイナスに帯電します。

X原子は電子対をO原子にもっていかれるため、プラスに帯電します。
このプラスマイナスの電荷を、水H_2Oは放っておきません。

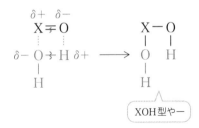

気づきましたか？
XOとH_2Oが出会うとXOH（水酸化物・オキソ酸）になるんです。
これにより、XOの名前が決まります。

▼ Xが金属元素の酸化物

H_2Oと出会うと水酸化物になる（酸と反応する）ため**塩基性酸化物**

例 $CaO + H_2O \longrightarrow Ca(OH)_2$
水酸化カルシウム（塩基）

▼ Xが非金属元素の酸化物

H_2Oと出会うとオキソ酸になる（塩基と反応する）ため**酸性酸化物**

例 $CO_2 + H_2O \longrightarrow H_2CO_3$
炭酸（酸）

▼ Xが両性金属の酸化物

H_2Oと出会うと両性水酸化物になる（酸とも塩基とも反応する）ため**両性酸
化物**

例 $Al_2O_3 + 3H_2O \longrightarrow 2Al(OH)_3$ （➡ p.34、p.184）

そしてXOHを加熱すると、脱水によりXOになります。

$$XO \underset{-\mathrm{H_2O}}{\overset{+\mathrm{H_2O}}{\rightleftharpoons}} XOH$$

（加熱脱水）

この「XO $\rightleftharpoons$ XOH」が自由自在に書けるようになることが、今後、様々な化学反応式を作るために必要です。

基本的には、

XOHが強酸SA・強塩基SBのとき ⇒ 不可逆「 $\longrightarrow$ 」

XO $\longrightarrow$ XOH

XOHが弱酸WAのとき ⇒ 可逆「 $\rightleftharpoons$ 」

XO $\rightleftharpoons$ XOH

XOHが弱塩基WBのとき ⇒ 不可逆「 $\longleftarrow$ 」

XO $\longleftarrow$ XOH

このようになりやすいです。

しかし、化学反応式を作るときに大切なのは「実際に可逆かどうか」ではなく、形式的に「XOをXOHにできる」「XOHをXOにできる」ということです。

どうして「強酸SA・強塩基SBだと不可逆」とか決まるの？

中には例外もあるけど、ほぼ、上の振り分けになるんだ。
まず、強酸SA・強塩基SBは電離度 $\alpha = 1$ で完全に電離するね。
　SB XOH $\longrightarrow$ X$^+$+OH$^-$ 　 SA XOH $\longrightarrow$ XO$^-$+H$^+$
だから、XOから生じるXOHは全て無くなるんだ。だから不可逆で進行するんだよ。

$$XO \rightleftarrows XOH \longrightarrow X^+ + OH^-$$

全て電離　　不可逆

弱酸WAは電離しにくいから可逆。弱塩基WB
はXOの方が安定だと考えるといいよ。

手を動かして練習してみよう!!

次の酸化物と水の反応を化学反応式で書いてみよう。

(1) CaO　　(2) SO_2　　(3) N_2O_5　　(4) Cl_2O_7

解:

(1) カルシウムCaのXOH型　⇒　水酸化カルシウム$Ca(OH)_2$

　　よって、反応物と生成物は次のようになります。

　　　　$CaO + \square H_2O \longrightarrow Ca(OH)_2$

　　この時点で元素の原子数が両辺で一致　⇒　H_2Oの係数は1

　　以上より、化学反応式が出来上がります。

　　　$CaO + H_2O \longrightarrow Ca(OH)_2$

$Ca(OH)_2$は強塩基SBだから不可逆だね。

　　そして、この変化の過程を構造式で表すと次のようになります。

$$\begin{array}{ccc} Ca=O & & Ca-O \\ | & & | \\ O-H & \longrightarrow & O \quad H \\ | & & | \\ H & & H \end{array}$$

(2) 硫黄SのXOH型　⇒　亜硫酸H_2SO_3と硫酸H_2SO_4

　　どちらか判断できないときは、ひとまずH_2Oをたしてみましょう。

（Sは非金属元素なのでオキソ酸　⇒　Hを前に出して酸の形にする）

$$SO_2 + H_2O \longrightarrow \underline{H_2SO_3}$$

（化学初心者は、ここでSO_2のオキソ酸がH_2SO_3と気づいてもOK）

元素の原子数が両辺で一致しているので、化学反応式は次のようになります。

$$SO_2 + H_2O \rightleftharpoons H_2SO_3$$

H_2SO_3は弱酸WAだから可逆だね。

　酸性酸化物の構造式は簡単に作れないものも多いため、次のように<u>オキソ酸</u>
<u>の構造式からH_2Oをとって作る</u>とラクになります。

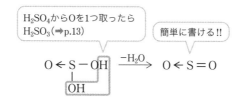

H_2SO_4からOを1つ取ったら
H_2SO_3（➡p.13）

簡単に書ける!!

$$O \leftarrow S-OH \xrightarrow{-H_2O} O \leftarrow S=O$$
$$\qquad\quad | $$
$$\qquad\quad OH$$

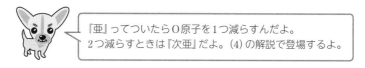

『亜』ってついたらO原子を1つ減らすんだよ。
2つ減らすときは『次亜』だよ。(4)の解説で登場するよ。

(3) 窒素NのXOH型　⇒　亜硝酸HNO_2と硝酸HNO_3

　どちらか判断できないときは、ひとまずH_2Oをたしてみましょう。

　（Nは非金属元素なのでオキソ酸　⇒　Hを前に出して酸の形にする）

$$N_2O_5 + H_2O \longrightarrow \underline{H_2N_2O_6}$$

こんなオキソ酸見たことないですね。

H・N・Oの原子数が偶数であることに注目してみましょう。

$$H_2N_2O_6 \quad \Rightarrow \quad 2\,HNO_3$$

（化学初心者は、ここでN_2O_5のオキソ酸がHNO_3と気づいてもOK）

元素の原子数が両辺で一致しているので、化学反応式は次のようになります。

$$N_2O_5 + H_2O \longrightarrow 2\,HNO_3$$

HNO₃は強酸 SA だから不可逆だね。

では、(2)を思い出して、オキソ酸（HNO₃）から酸化物（N₂O₅）の構造を作ってみましょう。

（⇒p.15）

$$\begin{array}{ccc} O & & O \\ \uparrow & & \uparrow \\ O=N-\boxed{OH} & HO-N=O \end{array} \qquad \begin{array}{c}\text{硝酸} \\ HNO_3 \end{array} \times 2$$

$$\downarrow -H_2O$$

$$\begin{array}{cc} O & O \\ \uparrow & \uparrow \\ O=N-O-N=O \end{array} \qquad \begin{array}{c}\text{五酸化二窒素} \\ N_2O_5 \end{array}$$

(4) 塩素Clの XOH型　⇒　次亜塩素酸 HClO・亜塩素酸 HClO₂・
　　　　　　　　　　　　　塩素酸 HClO₃・過塩素酸 HClO₄

どれか判断できないときは、ひとまず H₂O をたしてみましょう。

（Clは非金属元素なのでオキソ酸　⇒　Hを前に出して酸の形にする）

$$Cl_2O_7 + H_2O \longrightarrow \underline{H_2}Cl_2O_8$$

こんなオキソ酸見たことないですね。

H・Cl・Oの原子数が偶数であることに注目してみましょう。

$$H_2Cl_2O_8 \Rightarrow 2\,HClO_4$$

（化学初心者は、ここで Cl₂O₇ のオキソ酸が HClO₄ と気づいても OK）

元素の原子数が両辺で一致しているので、化学反応式は次のようになります。

$$Cl_2O_7 + H_2O \longrightarrow 2\,HClO_4$$

HClO₄は強酸SAだから不可逆だね。

では、(3) のように Cl_2O_7 の構造を作ってみましょう。

(→p.14)

$$O \leftarrow \overset{\overset{O}{\uparrow}}{\underset{\underset{O}{\downarrow}}{Cl}} - OH \qquad HO - \overset{\overset{O}{\uparrow}}{\underset{\underset{O}{\downarrow}}{Cl}} \to O$$

過塩素酸
$HClO_4$ ×2

$\downarrow$ $-H_2O$

$$O \leftarrow \overset{\overset{O}{\uparrow}}{\underset{\underset{O}{\downarrow}}{Cl}} - O - \overset{\overset{O}{\uparrow}}{\underset{\underset{O}{\downarrow}}{Cl}} \to O$$

七酸化二塩素
Cl_2O_7

(3) XH型 (水素化物)

XH型は、水素化物といわれます。

化学式だけを見ると、H^+ は生じますが OH^- は生じないため、酸にしかなれないように思えます。

XH

Hがあるから H^+ は出せる。
でも
Oがないから OH^- は出せない？

しかし、実際には塩基も存在します。

このXH型に関しては、代表例から何性かが答えられれば十分です。

例 HCl ⇒ 酸性、NH_3 ⇒ 塩基性、NaH ⇒ 塩基性、CH_4 ⇒ 中性

念のため、代表的な水素化物の性質と理由を確認しておきましょう。

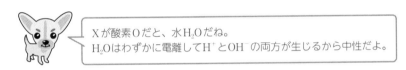

$$X \overset{\bullet\bullet}{\underset{\bullet\bullet}{:}} H \begin{cases} \overset{(\text{i})}{\underset{\chi_X > \chi_H}{\longrightarrow}} \ X^- + H^+ \ (\text{酸}) \\[2ex] \overset{(\text{ii})}{\underset{\chi_X < \chi_H}{\longrightarrow}} \ X^+ + H^- \ \underset{H^+OH^-}{\longrightarrow} \ X^+OH^- + H_2 \ (\text{塩基}) \\[2ex] \overset{(\text{iii})}{\underset{\chi_X \fallingdotseq \chi_H}{\longrightarrow}} \ X:H \ (\text{中性}) \\[2ex] \overset{(\text{iv})}{\longrightarrow} \ \left[X\overset{\bullet\bullet}{\underset{H}{:}} H \right]^+ + OH^- \ (\text{塩基}) \end{cases}$$

（ⅰ）**X が 16 族・17 族の元素（酸素 O は除く）　⇒　酸性**

電気陰性度 χ の大小関係が $\chi_X > \chi_H$ であり、次のように電離するため。

$$\underset{\chi_X > \chi_H}{X \overset{\bullet\bullet}{\underset{\bullet\bullet}{:}}|H} \longrightarrow [X\overset{\bullet\bullet}{\underset{\bullet\bullet}{:}}]^- + H^+$$

> X が酸素 O だと、水 H_2O だね。
> H_2O はわずかに電離して H^+ と OH^- の両方が生じるから中性だよ。

（ⅱ）**X がアルカリ金属・アルカリ土類金属（Be・Mg 除く）　⇒　（強）塩基性**

電気陰性度 χ の大小関係が $\chi_X < \chi_H$ であり、次のように電離します。

$$\underset{\chi_X < \chi_H}{X|\overset{\bullet\bullet}{\underset{\bullet\bullet}{:}}H} \longrightarrow X^+ + [\overset{\bullet\bullet}{\underset{\bullet\bullet}{:}}H]^-$$

生じた H^- と $H_2O(H^+OH^-)$ から H_2 と OH^- が生じるため、塩基性を示します。

$$H^- + \underset{(H^+OH^-)}{H_2O} \longrightarrow H_2 + \underset{\text{塩基性}}{OH^-}$$

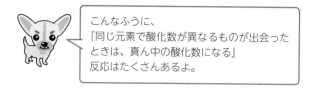

こんなふうに、
『同じ元素で酸化数が異なるものが出会った
ときは、真ん中の酸化数になる』
反応はたくさんあるよ。

$$\underset{-1}{\underline{H}^-} + H_2O \longrightarrow \underset{0}{\underline{H_2}} + OH^-$$
$$\underset{+1}{(\underline{H}^+OH^-)}$$

真ん中で落ち着く

覚えてるわ。鉛蓄電池（➡理論化学編 p.214）がそうだったわ。

（ⅲ）**X が 14 族 ⇒ 中性**

電気陰性度 χ の大小関係が $\chi_X \fallingdotseq \chi_H$ であるため、電離しません。

（ⅳ）**X が 15 族 ⇒ （弱）塩基性**

X に非共有電子対があり、H_2O の H^+ を受け入れます。これにより OH^- が
生じるため塩基です。

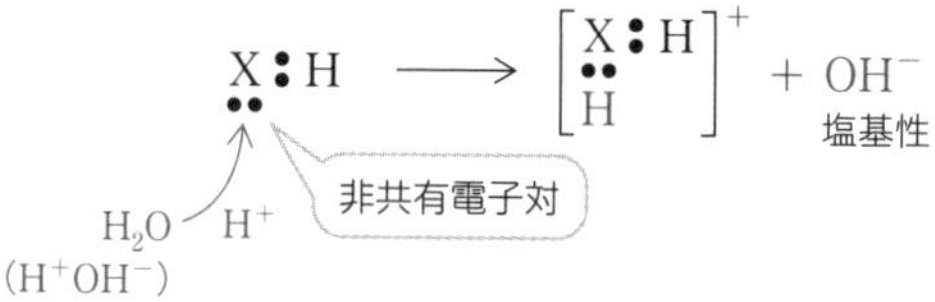

$$X \!\!:\!\! H \longrightarrow \left[\begin{array}{c} X \!\!:\!\! H \\ H \end{array} \right]^+ + OH^-$$
塩基性

H_2O　H^+
(H^+OH^-)

非共有電子対

ポイント

代表的な酸・塩基

　　強酸 SA　　⇒　$HClO_4 \cdot H_2SO_4 \cdot HCl \cdot HNO_3 \cdot HI \cdot HBr$

　　強塩基 SB　⇒　$KOH \cdot NaOH \cdot Ba(OH)_2 \cdot Ca(OH)_2$

　　XOH型　Xが金属元素　⇒　水酸化物

　　　　　　Xが非金属元素　⇒　オキソ酸（構造が書けるように）

　　XO型　　Xが金属元素　⇒　塩基性酸化物

　　　　　　Xが非金属元素　⇒　酸性酸化物

　　XH型　　代表的なものを知っておく

　　XO ⇄ XOHがスラスラ書けるようになっておこう!!

②酸・塩基の反応

　酸と塩基が関わる反応を見ていきましょう。

中和反応

　水溶液中で水素イオン H^+ と水酸化物イオン OH^- は『水のイオン積 K_w（➡理論化学編 p.135）』を超える濃度で存在することができません。

　よって、酸と塩基を混合すると

　　$H^+ + OH^- \longrightarrow H_2O$

の反応が進行し、水のイオン積 K_w で一定に保たれます。これを**中和反応**といいます。

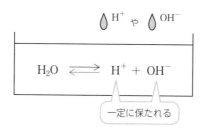

$$H_2O \rightleftharpoons H^+ + OH^-$$

一定に保たれる

「酸」と「塩基」の反応ですから、酸と塩基が判断できることが大前提です。

化学式の中にH^+やOH^-が存在しないもの（酸化物など）があるので注意が必要です。

「①代表的な酸・塩基」がマスターできたら、化学反応式を書く練習に入りましょう。

与えられた物質が酸と塩基の組み合わせであることに気付けなきゃいけないのね？

そそ。例えば、SO_2と$NaOH$の組み合わせから『中和』って言えないと反応式は書けないからね。

そっか！ SO_2は酸性酸化物だからね？H^+が無くても酸と判断するのね……。難しいわ。

最初はみんなそうだよ。慣れだよ。

手を動かして練習してみよう!!

次の中で中和反応が起こる組み合わせはいくつ？

(1) CH_3COOH と $NaOH$　　(2) HCl と NH_3　　(3) SO_2 と H_2S

(4) Al_2O_3 と HCl　　　　(5) CO_2 と Na_2O

解：

(1) $CH_3COO\underline{H}$ は酸 。$Na\underline{OH}$ は塩基。よって中和反応。

H^+ と OH^- が見えてるときは余裕だわ。

(2) $\underline{H}Cl$ は酸。　NH_3 は塩基。よって中和反応。

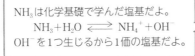

NH_3 は化学基礎で学んだ塩基だよ。
$$NH_3 + H_2O \rightleftharpoons NH_4^+ + OH^-$$
OH^- を1つ生じるから1価の塩基だよ。

(3) SO_2 は酸性酸化物。　$\underline{H}_2S$ は酸。よって中和反応ではない。

これは酸化還元反応（➡ p.47）っていうよ。これも判断できるようになるからね。
今は『中和ではない』ことに気づけるようになっておこう。

(4) Al_2O_3 は両性酸化物。$\underline{H}Cl$ は酸。よって中和反応。

(5) CO_2 は酸性酸化物。Na_2O は塩基性酸化物。よって中和反応。

　　以上より、中和反応は 4つ 。

では、中和反応の化学反応式を作る練習をしましょう。

化学反応式を作るときのポイント

▼ H^+ と OH^- が見えているとき

・H^+ と OH^- の数をそろえるように、酸と塩基の係数を決める

例 $H_2SO_4 + NaOH$

左辺

H_2SO_4 の H^+ は2つ。よって OH^- も2つ必要 ⇒ $NaOH$ の係数2。

$H_2SO_4 + 2\,NaOH \longrightarrow$

右辺

H^+ と OH^- が2つずつ反応するため、H_2O が2つ生成。

$\underline{H_2}SO_4 + 2Na\underline{OH} \longrightarrow \underline{2H_2O}$

残りのイオン（$Na^+ \times 2$、SO_4^{2-}）をくっつけて塩 Na_2SO_4 にする。

$\underline{H_2}SO_4 + 2\underline{Na}OH \longrightarrow 2H_2O + \underline{Na_2SO_4}$

以上より

$$H_2SO_4 + 2NaOH \longrightarrow Na_2SO_4 + 2H_2O$$

▼ H^+ や OH^- が見えていないとき

おそらく、<u>**XO型（酸化物）かアンモニア NH_3 が関与する中和反応**</u>です。

・「形式的に」H_2O を加える

XO型（酸化物）は XOH型（水酸化物・オキソ酸）に変える。（➡ p.19）

NH_3 は NH_4^+ と OH^- に変える。（$NH_3 + H_2O \longrightarrow NH_4^+ + OH^-$）

この「形式的に」H_2O を加える作業が、今後、他の反応になっても必要なスキルになります。手を動かして練習すること必須です!!

『形式的に』ってなあに？

例えばSiO_2は酸性酸化物で、H_2Oに溶けないんだ。
でも、H_2Oを加えてXOH型(ケイ酸H_2SiO_3)に変えるってこと。

$$SiO_2 + H_2O \longrightarrow H_2SiO_3$$

なるほど。実際にH_2Oに溶けるかどうかは関係ないのね。
化学反応式を作る過程で必要な作業なのね。

 $CO_2 + NaOH$

左辺

CO_2は酸性酸化物　⇒　形式的にH_2Oを加えてオキソ酸
（炭酸H_2CO_3）に変える

$$\underset{H_2CO_3}{\underline{CO_2 + H_2O}} + NaOH \longrightarrow$$

H^+とOH^-が見えた！　ここから先は作れるわ!!

H^+とOH^-が数をそろえるように、酸と塩基の係数を決める

H_2CO_3のH^+は2つ。よってOH^-も2つ必要

⇒　$NaOH$の係数2

$$\underset{H_2CO_3}{\underline{CO_2 + H_2O}} + \underline{2}Na\underline{OH} \longrightarrow$$

右辺

H^+とOH^-が2つずつ反応するため、H_2Oが2つ生成。

$$\underset{H_2CO_3}{\underline{CO_2 + H_2O}} + \underline{2}Na\underline{OH} \longrightarrow \underline{2H_2O}$$

残りのイオン（$Na^+×2$、CO_3^{2-}）をくっつけて塩 Na_2CO_3 にする。

$$\underset{H_2CO_3}{\underline{CO_2+H_2O}}+\underline{2NaOH} \longrightarrow 2H_2O+\underline{Na_2CO_3}$$

「中和反応のときだけ」形式的に加えた H_2O が両辺で相殺される。

$$CO_2+\cancel{H_2O}+2NaOH \longrightarrow \cancel{2}H_2O+Na_2CO_3$$

以上より

$$CO_2+2NaOH \longrightarrow Na_2CO_3+H_2O$$

形式的に加えた H_2O がそのまま残る化学反応式もあるんだ。
中和反応では、最終的に両辺で相殺されてしまうけど、「形式的に H_2O を加える作業」はここで徹底しておこうね。何度も書くんだよ。

手を動かして練習してみよう!!

次の反応の化学反応式を書こう。

(1) $Ca(OH)_2$ と HCl　　(2) H_2SO_4 と NH_3　　(3) $NaOH$ と SiO_2

(4) Al_2O_3 と HCl

解：

(1) 左辺

　　$Ca(OH)_2$ の OH^- は2つ。よって H^+ も2つ必要

　　⇒　HCl の係数2。

　　　　$Ca(OH)_2+2HCl \longrightarrow$

　右辺

　　H^+ と OH^- が2つずつ反応するため、H_2O が2つ生成。

　　　　$\underline{Ca(OH)_2}+\underline{2HCl} \longrightarrow \underline{2H_2O}$

　　残りのイオン（Ca^{2+}、$Cl^-×2$）をくっつけて塩 $CaCl_2$ にする。

　　　　$\underline{Ca(OH)_2}+\underline{2HCl} \longrightarrow 2H_2O+\underline{CaCl_2}$

以上より

　$Ca(OH)_2+2HCl \longrightarrow CaCl_2+2H_2O$

(2) 左辺

NH_3 ⇒ 形式的に H_2O をくわえて OH^- が見える形にする

$$H_2SO_4 + \underbrace{NH_3 + H_2O}_{NH_4^+ + OH^-} \longrightarrow$$

H_2SO_4 の H^+ は2つ。よって OH^- も2つ必要

⇒ NH_3 の電離の係数全て2倍

$$H_2SO_4 + \underbrace{2NH_3 + 2H_2O}_{2NH_4^+ + 2OH^-} \longrightarrow$$

右辺

H^+ と OH^- が2つずつ反応するため、H_2O が2つ生成。

$$H_2SO_4 + \underbrace{2NH_3 + 2H_2O}_{2NH_4^+ + 2OH^-} \longrightarrow 2H_2O$$

残りのイオン（$NH_4^+ \times 2$、$SO_4{}^{2-}$）をくっつけて塩 $(NH_4)_2SO_4$ にする。

$$H_2SO_4 + \underbrace{2NH_3 + 2H_2O}_{2NH_4^+ + 2OH^-} \longrightarrow 2H_2O + (NH_4)_2SO_4$$

「中和反応のときだけ」形式的に加えた H_2O が両辺で相殺される。

$$H_2SO_4 + 2NH_3 + 2\cancel{H_2O} \longrightarrow 2\cancel{H_2O} + (NH_4)_2SO_4$$

以上より

$$H_2SO_4 + 2NH_3 \longrightarrow (NH_4)_2SO_4$$

(3) 左辺

SiO_2 は酸性酸化物

⇒ 形式的に H_2O をくわえてオキソ酸（ケイ酸 H_2SiO_3）に変える

$$NaOH + \underbrace{SiO_2 + H_2O}_{H_2SiO_3} \longrightarrow$$

H_2SiO_3 の H^+ は2つ。よって、OH^- も2つ必要

⇒ $NaOH$ の係数2

$$2NaOH + \underbrace{SiO_2 + H_2O}_{H_2SiO_3} \longrightarrow$$

右辺

H^+ と OH^- が2つずつ反応するため、H_2O が2つ生成。

$$2NaOH + \underbrace{SiO_2 + H_2O}_{H_2SiO_3} \longrightarrow 2H_2O$$

残りのイオン（$Na^+ \times 2$、$SiO_3{}^{2-}$）をくっつけて塩 Na_2SiO_3 にする。

$$2\underline{NaOH} + \underline{SiO_2} + H_2O \longrightarrow 2H_2O + \underline{Na_2SiO_3}$$
$$\underset{H_2SiO_3}{}$$

「中和反応のときだけ」形式的に加えたH_2Oが両辺で相殺される。

$$2NaOH + SiO_2 + \cancel{H_2O} \longrightarrow 2\cancel{H_2O} + Na_2SiO_3$$

以上より

$$2NaOH + SiO_2 \longrightarrow H_2O + Na_2SiO_3$$

(4) 左辺

Al_2O_3は両性(金属)酸化物　⇒　形式的にH_2Oをくわえて水酸化物

$(Al(OH)_3)$に変える

$$\underbrace{Al_2O_3 + 3H_2O}_{2Al(OH)_3} + HCl \longrightarrow$$

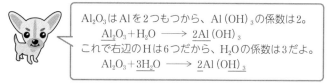

Al_2O_3はAlを2つもつから、$Al(OH)_3$の係数は2。
$$\underline{Al_2O_3} + H_2O \longrightarrow \underline{2}Al(OH)_3$$
これで右辺のHは6つだから、H_2Oの係数は3だよ。
$$Al_2O_3 + \underline{3}H_2O \longrightarrow \underline{2}Al(OH)_3$$

合計でOH^-は6つ。よって、H^+も6つ必要

⇒　HClの係数6

$$\underbrace{Al_2O_3 + 3H_2O}_{2Al(OH)_3} + 6HCl \longrightarrow$$

右辺

H^+とOH^-が6つずつ反応するため、**H_2Oが6つ生成**。

$$\underbrace{Al_2O_3 + 3H_2O}_{2Al(OH)_3} + \underline{6}HCl \longrightarrow \underline{6H_2O}$$

残りのイオン($Al^{3+} \times 2$、$Cl^- \times 6$)をくっつけて塩$2AlCl_3$にする。

$$\underbrace{Al_2O_3 + 3H_2O}_{2Al(OH)_3} + \underline{6}HCl \longrightarrow 6H_2O + \underline{2AlCl_3}$$

「中和反応のときだけ」形式的に加えたH_2Oが両辺で相殺される。

$$Al_2O_3 + 3\cancel{H_2O} + 6HCl \longrightarrow \underset{3}{\cancel{6}}H_2O + 2AlCl_3$$

以上より

$$Al_2O_3 + 6HCl \longrightarrow 2AlCl_3 + 3H_2O$$

③塩の反応

塩が関わる反応を見ていきましょう。

弱酸 WA・弱塩基 WB 由来の塩

弱酸 WA・弱塩基 WB は電離度 α が小さく、電離しにくい酸・塩基です。よって、電離の逆反応が容易に進行します。

弱酸 WA の酢酸 CH_3COOH を例に見ていきましょう。

$$CH_3COOH \rightleftarrows CH_3COO^- + H^+$$

こっちより

こっちが起こりやすい！

CH_3COO^- と H^+ が出会うと、くっついて CH_3COOH になるのです。

$$\underset{\text{塩由来}}{CH_3COO^-} + \underset{\text{強酸SAか水H}_2\text{O由来}}{H^+} \longrightarrow CH_3COOH$$

CH_3COO^- は塩（CH_3COONa など）の電離、H^+ は強酸 SA もしくは水 H_2O の電離により生じるものです。

H^+ が強酸 SA 由来　⇒　(1) 弱酸 WA 遊離反応
H^+ が水 H_2O 由来　⇒　(2) 塩の加水分解反応

(1) 弱酸 WA・弱塩基 WB 遊離反応

「弱酸 WA の塩」と「強酸 SA」が出会うと、弱酸 WA が遊離します。

$$\underset{\text{弱酸WAの塩　　強酸SA}}{CH_3COONa + HCl} \longrightarrow \underset{\text{弱酸WA　　強酸SAの塩}}{CH_3COOH + NaCl}$$

これが**弱酸 WA 遊離反応**です。

言葉の定義で理解するより「**弱酸 WA の組み合わせが出会ったらくっつく！**」と意識することをオススメします。

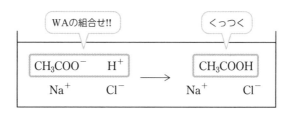

CH₃COONaが『弱酸の塩』なのはわかるんだけど、『強塩基の塩』とも言えるわよね？

そうだね。まず、CH₃COONa＋HClの組み合わせを見たら、HClが強酸であることが即答できるね。
そのときには『酸』に注目するんだ。酸に注目すると『弱酸の塩』だね。

$$CH_3COONa + HCl$$

こっちに注目 ┤ WA由来　SB由来　SA

反応の判断って大変ね。自信なくなってきたわ……。

だからやっぱり『弱酸の組み合わせが出会ったらくっつく！』と考えるといいよ。
慣れてきたらすぐ判断できるよ。

手を動かして練習してみよう!!

次の中で弱酸遊離反応が起こる組み合わせはいくつ？

(1) NaCl と HNO₃　　　(2) NaHCO₃ と HCl　　　(3) FeS と H₂SO₄

(4) NH₄Cl と NaOH　　　(5) Na₂S と H₂O₂

解：

(1) 弱酸WAの組み合わせがない　⇒　弱酸遊離反応ではない

$$Cl^- + H^+ \longrightarrow \underline{HCl}\,(強酸はくっつかない！)$$

(2) HCO_3^- と H^+ から、弱酸WAの炭酸 $H_2O + CO_2\,(H_2CO_3)$ が遊離する

$$HCO_3^- + H^+ \longrightarrow H_2O + CO_2$$

炭酸って H_2CO_3 じゃダメなの？

ほとんど $H_2O + CO_2$ の状態で存在してるから、化学反応式の中では H_2CO_3 って書かないよ。

$$H_2O + CO_2 \rightleftharpoons H_2CO_3$$

(3) S^{2-} と H^+ から、弱酸WAの硫化水素 H_2S が遊離する

$$S^{2-} + 2H^+ \longrightarrow H_2S$$

(4) NH_4^+ と OH^- から、弱塩基WBのアンモニア $NH_3 + H_2O$ が遊離する

$$NH_4^+ + OH^- \longrightarrow NH_3 + H_2O$$

これ、ちょっと難しく感じるわ。

慣れるまでは『電離の逆』を意識することだね。

$$NH_3 + H_2O \rightleftharpoons NH_4^+ + OH^-$$

電離

弱塩基遊離

(5) 弱酸WAの組み合わせがない ⇒ 弱酸遊離反応ではない

（Na_2S は弱酸WAの塩だけど、H_2O_2 は酸ではない）

以上より、(2)(3)の 2つ 。

化学反応式を作るときのポイント

・弱酸WAや弱塩基WBの組み合わせが見えたらくっつける

例 FeS と HCl

左辺

S^{2-} と H^+ が弱酸WAの組み合わせ ⇒ H^+ は2つ必要なので

HCl の係数は2

$FeS + 2HCl$

右辺

S^{2-} と $2H^+$ から弱酸WAの H_2S が遊離する

$FeS + 2HCl \longrightarrow H_2S$

残りのイオン（Fe^{2+}、$Cl^- \times 2$）をくっつけて塩 $FeCl_2$ にする。

$FeS + 2HCl \longrightarrow H_2S + FeCl_2$

以上より、

$$FeS + 2HCl \longrightarrow H_2S + FeCl_2$$

手を動かして練習してみよう!!

次の反応の化学反応式を書こう。

(1) $CaCO_3$ と HCl　　(2) NH_4Cl と $Ca(OH)_2$

解：

(1) 左辺

CO$_3^{2-}$とH$^+$が弱酸WAの組み合わせ　⇒　H$^+$は2つ必要なので
HClの係数は2

$$CaCO_3 + 2HCl \longrightarrow$$

右辺

CO$_3^{2-}$と2H$^+$から弱酸WAの炭酸H$_2$O+CO$_2$が遊離する

$$\underline{CaCO_3} + \underline{2HCl} \longrightarrow \underline{H_2O + CO_2}$$

残りのイオン(Ca^{2+}、Cl$^-$×2)をくっつけて塩CaCl$_2$にする。

$$\underline{CaCO_3} + \underline{2HCl} \longrightarrow H_2O + CO_2 + \underline{CaCl_2}$$

以上より、

$$CaCO_3 + 2HCl \longrightarrow CaCl_2 + H_2O + CO_2$$

(2) 左辺

NH$_4^+$とOH$^-$が弱塩基WBの組み合わせ　⇒　OH$^-$が2つあるので
NH$_4$Clの係数は2

$$2NH_4Cl + Ca(OH)_2 \longrightarrow$$

右辺

NH$_4^+$とOH$^-$2つずつから弱塩基WBのアンモニアNH$_3$+H$_2$Oが2つ遊離する

$$\underline{2NH_4Cl} + \underline{Ca(OH)_2} \longrightarrow \underline{2NH_3 + 2H_2O}$$

残りのイオン(Ca^{2+}、Cl$^-$×2)をくっつけて塩CaCl$_2$にする。

$$\underline{2NH_4Cl} + \underline{Ca(OH)_2} \longrightarrow 2NH_3 + 2H_2O + \underline{CaCl_2}$$

以上より、

$$2NH_4Cl + Ca(OH)_2 \longrightarrow CaCl_2 + 2NH_3 + 2H_2O$$

広義の弱酸WA・弱塩基WB遊離反応

広義の弱酸WA・弱塩基WB遊離反応は

「比べて弱い酸の塩＋比べて強い酸」「比べて弱い塩基の塩＋比べて強い塩基」

の組み合わせで起こる反応です。

では、酸の組み合わせで確認していきましょう。

酸の人生の喜びは「H⁺を投げつけること」です。

投げつける対象は「自分より弱い相手」です。

さっきまで見てたのは『弱酸WAの塩と強酸SA』の組み合わせだったわね。ここの考え方でいくと、強酸SAが弱酸WAのイオンにH⁺を投げつけていたのね。

$$CH_3COO^- + HCl \longrightarrow CH_3COOH + Cl^-$$

ここでいう「自分より弱い相手」というのは強酸SAからみた弱酸WAだけではありません。

<u>強酸SAの中にも強弱があります。同様に弱酸WAの中にも強弱があるので</u><u>す。</u>それを表しているのが電離定数K_a（➡理論化学編 p.322）です。

電離定数K_aを暗記する必要はありませんが、知っておくと役立つ強弱を確認しておきます。

強酸SA　硫酸 H_2SO_4 ＞ 塩酸 HCl ＞ 硝酸 HNO_3 ＞ 硫酸 H_2SO_4
　　　　　（第1電離）　　　　　　　　　　　　　　　　　　（第2電離）

弱酸WA　酢酸 CH_3COOH ＞ 炭酸 $H_2O + CO_2$

例　酢酸CH_3COOHと炭酸水素ナトリウム$NaHCO_3$は反応し、二酸化炭素CO_2が発生します（➡有機化学編 p.109）。そして、逆反応は進行しません。

$$CH_3COOH + NaHCO_3 \underset{\times}{\overset{}{\rightleftarrows}} \underline{H_2O + CO_2} + CH_3COONa$$
炭酸が遊離

有機化学だと大切な考え方だよ。

強いヤツが投げる！　弱いヤツが受け取る!!　ね。

(2) 塩の加水分解

酢酸ナトリウムCH_3COONaを例に確認していきましょう。

基本的に、塩は水中で電離しています。

$$CH_3COONa \longrightarrow CH_3COO^- + Na^+$$

弱酸WA由来の塩は、電離により弱酸WAのイオンを生じ、水H_2OのH^+とくっついて弱酸WAになります。

$$\underset{\text{弱酸WAのイオン}\,(H^+OH^-)}{CH_3COO^- + H_2O} \rightleftharpoons \underset{\text{弱酸WA}}{CH_3COOH} + OH^-$$

これが塩の加水分解です。

これにより<u>水酸化物イオンOH^-が生じる</u>ため、<u>弱酸WAの塩の水溶液は塩基性</u>を示します。

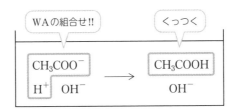

WAの組合せ!!　　　くっつく

| CH_3COO^- | | CH_3COOH |
| H^+　OH^- | $\longrightarrow$ | OH^- |

塩の加水分解の逆反応は中和反応だよ。
中和反応のほうが起こりやすいから、加水分解はほんの少ししか進行しないよ。

$$CH_3COO^- + H_2O \rightleftharpoons CH_3COOH + OH^-$$

ほとんどこっち

> **手を動かして練習してみよう!!**
>
> 次の塩の加水分解をイオン反応式で書いてみよう。
>
> (1) Na_2CO_3 (2) NH_4Cl

解：

(1) 炭酸ナトリウム Na_2CO_3 は水中で、次のように電離。

$$Na_2CO_3 \longrightarrow 2Na^+ + CO_3^{2-}$$

弱酸 WA 由来の炭酸イオン CO_3^{2-} が加水分解を起こす。

$$\underline{CO_3^{2-}} + H_2O \longrightarrow \underline{HCO_3^-} + \underline{OH^-}$$
$$\small{(H^+ OH^-)}$$

以上より

$$CO_3^{2-} + H_2O \longrightarrow HCO_3^- + OH^-$$

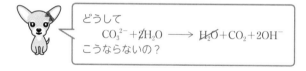

どうして
$$CO_3^{2-} + 2H_2O \longrightarrow H_2O + CO_2 + 2OH^-$$
こうならないの？

加水分解は、ほんの少ししか進行しないんだったね。
だから2段階は進行しないと考えるといいよ。

(2) 塩化アンモニウム NH_4Cl は水中で、次のように電離。

$$NH_4Cl \longrightarrow NH_4^+ + Cl^-$$

弱塩基 WB 由来のアンモニウムイオン NH_4^+ が加水分解を起こす。

$$\underline{NH_4^+} + H_2O \longrightarrow \underline{NH_3} + \boxed{H_2O + H^+}$$
$$\small{(H^+ OH^-)} \qquad\qquad H_3O^+$$

以上より

$$NH_4^+ + H_2O \longrightarrow NH_3 + H_3O^+$$

揮発性の酸由来の塩

代表的な揮発性の酸は、**塩酸 HCl・硝酸 HNO$_3$・フッ化水素酸 HF** です。

揮発性ってなあに？

沸点が低くて、蒸発しやすい性質のことだよ。

溶液中に揮発性の酸の組み合わせが存在すると、加熱により取り出すことができます。

$$Cl^- + H^+ \xrightarrow{\text{熱}} HCl$$

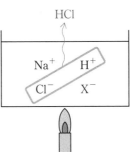

(3) 揮発性の酸遊離反応

揮発性の酸である、硝酸 HNO_3 を例に確認していきましょう。

「**揮発性の酸の塩**（硝酸ナトリウム $NaNO_3$）」と「**不揮発性の酸**（濃硫酸 H_2SO_4）」を混ぜ合わせて加熱すると、**揮発性の酸**（硝酸 HNO_3）が遊離します。

$$\underset{\text{揮発性の酸の塩}}{NaNO_3} + \underset{\text{不揮発性の酸}}{H_2SO_4} \xrightarrow{\text{熱}} \underset{\text{揮発性の酸}}{HNO_3} + \underset{\text{不揮発性の酸の塩}}{NaHSO_4}$$

これが**揮発性の酸遊離反応**です。

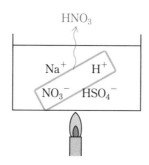

『揮発性の酸の塩』の相手は絶対に『濃硫酸』だよ。
この反応は、加熱によって揮発性の酸を取り出すんだ。
加熱に耐えられるのは濃硫酸（沸点：約300℃）しかないからね。

じゃあ、反応物に濃硫酸があったら揮発性の酸遊離反応の可能性があるのね。
見つけるのは頑張れそうな気がするけど、反応式に疑問があるわ。
私、係数が2になると思ったんだけど……。

$$2NaNO_3 + H_2SO_4 \longrightarrow 2HNO_3 + Na_2SO_4$$

そうはならないんだ。『係数は2にならない‼』って覚えてもいいけど、理由が知りたいよね。
このあと、揮発性の酸遊離反応の本当の姿を確認してみよう。

揮発性の酸遊離反応の本当の姿

硝酸ナトリウム$NaNO_3$と濃硫酸H_2SO_4の反応の化学反応式は、次のようにはなりません。

$$2NaNO_3 + H_2SO_4 \longrightarrow 2HNO_3 + Na_2SO_4$$

上の式なら、揮発性の酸遊離反応は2段階進行していることになります。

$$NaNO_3 + H_2SO_4 \longrightarrow HNO_3 + NaHSO_4 \quad \cdots\cdots ①$$

$$NaNO_3 + NaHSO_4 \longrightarrow HNO_3 + Na_2SO_4 \quad \cdots\cdots ②$$

①＋②より

$$2NaNO_3 + H_2SO_4 \longrightarrow 2HNO_3 + Na_2SO_4$$

結論からいうと、②の反応は進行しません。①で止まってしまうのです。

なぜなら、この反応は「揮発性の酸遊離反応」以外に「広義の弱酸WA遊離反応 (➡ p.39)」も原動力になっているからです。

硫酸H_2SO_4と硝酸HNO_3はともに強酸SAですが、次のような強弱（電離定数K_aの大小）関係がありましたね。

硫酸 H_2SO_4 ＞ 硝酸 HNO_3 ＞ 硫酸 H_2SO_4

（第1電離）   （第2電離）

よって、H_2SO_4（第1電離）と硝酸ナトリウム$NaNO_3$から、比̇べ̇て̇弱い酸のHNO_3が遊離します。

$$NaNO_3 + H_2SO_4 \longrightarrow HNO_3 + NaHSO_4 \quad \cdots\cdots ①$$

　　　　　比べて強い酸　　　比べて弱い酸

しかし、硫酸水素ナトリウム$NaHSO_4$（H_2SO_4の第2電離）と$NaNO_3$が反応してもHNO_3は遊離しません。

$$NaNO_3 + NaHSO_4 \overset{\times}{\longrightarrow} HNO_3 + Na_2SO_4 \quad \cdots\cdots ②$$

　　　　　比べて弱い酸　　　比べて強い酸

以上より、硝酸ナトリウム$NaNO_3$と濃硫酸H_2SO_4の反応の化学反応式は

$$NaNO_3 + H_2SO_4 \longrightarrow HNO_3 + NaHSO_4$$

となります。

手を動かして練習してみよう!!

次の反応（ともに加熱）の化学反応式を書いてみよう。

【酸の強弱：H_2SO_4（第1電離）＞HCl＞HNO_3＞H_2SO_4（第2電離）≫HF（弱酸）】

(1) $NaCl$ と（濃）H_2SO_4　　(2) CaF_2 と（濃）H_2SO_4

解：

(1) 揮発性の酸である HCl が遊離する。

$$H_2SO_4（第1電離）> HCl > H_2SO_4（第2電離）$$

であるため、硝酸 HNO_3 同様、1段目しか進行しない。

$$NaCl + H_2SO_4 \longrightarrow HCl + NaHSO_4$$

$$NaCl + NaHSO_4 \xrightarrow{\quad\times\quad} HCl + Na_2SO_4$$

以上より、

$$NaCl + H_2SO_4 \longrightarrow HCl + NaHSO_4$$

(2) 揮発性の酸である HF が遊離する。

$$H_2SO_4（第1電離）\cdot H_2SO_4（第2電離）\gg HF（弱酸）$$

であるため、1段目も2段目も進行する。

$$CaF_2 + H_2SO_4 \longrightarrow 2HF + CaSO_4$$

硫酸カルシウム $CaSO_4$ は沈殿だから沈殿生成反応（➡ p.62）も原動力になるよ。

////////////////////////
ポイント

> 酸・塩基の反応
>
> 　中和反応：酸 ＋ 塩基
>
> 　　H^+ や OH^- が見えない（XO型・NH_3）とき
>
> 　　⇒形式的に H_2O を加える
>
> 　弱酸（弱塩基）遊離反応：弱酸の塩 ＋ 強酸、弱塩基の塩 ＋ 強塩基
>
> 　　広義の弱酸（弱塩基）遊離反応で考えられるようになってお
>
> 　　くと有機化学でも役立つ
>
> 　塩の加水分解反応：弱酸由来の塩 ＋ H_2O が頻出
>
> 　揮発性の酸遊離反応：揮発性の酸の塩 ＋ 濃硫酸

§2　酸化還元反応

物質から物質に電子 e^- が移動する反応を**酸化還元反応**といいます。

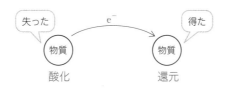

e^- を失うことを**酸化**、e^- を得ることを**還元**といいます。

　上の図だと、左の物質は e^- を失っているため「**酸化された**」、右の物質は e^- を得たため「**還元された**」という表現になります。

　酸化還元反応には1つの問題点があります。

　それは、「移動している e^- が見えない」ことです。

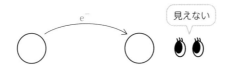

例えば、「塩酸 HCl ＋ 水酸化ナトリウム NaOH」という組み合わせを見れば、中和反応と答えられますね。それは H^+ と OH^- が見えているからです。

$$HCl + NaOH$$
見えてる!!

しかし、何の知識もなく「硫化水素 H_2S ＋ 二酸化硫黄 SO_2」という組み合わせを見ても、酸化還元反応と答えることはできません。

そうです。化学式を見ても e^- は見えないからです。

$$H_2S + SO_2$$
e^- は見えない!!

よって、「酸化還元反応である」という判断をするときも、化学反応式を書くときも、知識が必要になります。

ここでは、無機化学として化学反応式を書くために必要なスキルを身につけていきましょう。

（計算に必要な内容➡理論化学編 p.173）

①酸化剤・還元剤

（1）酸化剤・還元剤とは

左の物質は

　　電子 e^- を失っている　⇒　酸化された

と表現しますが、見方を変えると

　　相手に e^- を投げつけている　⇒　相手を還元している

となります。

　このように相手を還元する物質を**還元剤**（reducing agent 略して⑧）といいます。

相手を酸化した
（酸化剤）

e⁻を投げつけられた。
いやいや。
相手のe⁻を奪ってやった。

　右の物質は

　　e⁻を得ている　⇒　還元された

と表現しますが、見方を変えると

　　　相手からe⁻を奪っている　⇒　相手を酸化している

となります。

　このように相手を酸化する物質を**酸化剤**（oxidizing agent 略して◎）といいます。

　同様に、相手を酸化する力を**酸化力**、相手を還元する力を**還元力**といいます。

未だに、『相手を酸化すると自身は還元される』とか混乱するときあるわ。

まずは『酸化』『還元』の定義を徹底して、混乱したらe⁻が移動する絵を描いてみるといいよ。

(2) 代表的な酸化剤・還元剤

　酸化還元反応には「移動する電子e⁻が見えない」という問題点がありました。

　よって、酸化還元反応を判断する1つの手段として、代表的な酸化剤◎と還元剤⑧を頭に入れていきましょう。

$$KMnO_4 + H_2C_2O_4$$

知っている酸化剤と還元剤の組み合わせだ!
酸化還元反応だ!!

代表的な酸化剤Ⓞ

酸化剤Ⓞはe⁻を受け取りやすい物質です。

どのような物質があるのか、確認していきましょう。

▼ 非金属の単体

非金属は陰性（e⁻を受け取り負に帯電する性質）です。よって、酸化剤Ⓞになります。

例 Cl_2・Sなど

e⁻ 奪うぜ

$$Cl_2 + 2e^- \longrightarrow 2Cl^-$$

俺は陰性だ。
マイナスに帯電するのが
人生の喜びだ。

落ち着く

▼ 酸化数の大きい原子を含む物質

酸化数（➡理論化学編 p.176）が相対的に大きい原子は、事実上e⁻を奪われた状態です。

よって、相手（還元剤Ⓡ）からe⁻を奪おうとします。

例 $\underset{+7}{KMnO_4}$・$\underset{+5}{HNO_3}$

$$K\underline{Mn}O_4 + 5e^- \longrightarrow Mn^{2+}$$

俺はO原子にe⁻を奪われまくっている。
これからの人生、奪う側にまわる。

▼ 陽性が弱い金属イオン

金属は陽性（e^-を放出して正に帯電する性質）であるため、陽イオンで存在するのが幸せです。

しかし、陽性の弱い金属イオンはe^-を受けとることがあるため、酸化剤◎として働きます。

例 Cu^{2+}・Ag^+

Cu^{2+}はフェーリング反応、Ag^+は銀鏡反応で利用される酸化剤◎だったわね。
有機化学は有機化学編で得意になったわ。

次の表が知っておくべき酸化剤◎です。

まず、パッと見て「酸化剤！」と答えられるようになりましょう。

そして、化学反応式を書くために「何に変化するか（下の表）」まで暗記しましょう。

オゾン	$O_3 \rightarrow O_2$
過酸化水素（酸性条件下）	$H_2O_2 \rightarrow H_2O$
（塩基性条件下）	$H_2O_2 \rightarrow OH^-$
過マンガン酸カリウム（酸性条件下）	$MnO_4^- \rightarrow Mn^{2+}$
（中性・塩基性条件下）	$MnO_4^- \rightarrow MnO_2$
酸化マンガン（IV）	$MnO_2 \rightarrow Mn^{2+}$
濃硝酸	$HNO_3 \rightarrow NO_2$
希硝酸	$HNO_3 \rightarrow NO$
熱濃硫酸	$H_2SO_4 \rightarrow SO_2$
ニクロム酸カリウム	$Cr_2O_7^{2-} \rightarrow Cr^{3+}$
ハロゲンの単体X_2	$X_2 \rightarrow X^-$
二酸化硫黄	$SO_2 \rightarrow S$

代表的な還元剤Ⓡ

還元剤は e^- を放出しやすい物質です。

どのような物質があるのか、確認していきましょう。

▼ 金属の単体

金属は陽性（e^- を放出して正に帯電する性質）です。よって、還元剤Ⓡになります。

例 Na・Zn など

▼ 酸化数の小さい原子を含む物質

酸化数が相対的に小さい原子は、事実上 e^- をもらっている状態です。

よって、相手（酸化剤Ⓞ）に e^- を渡そうとします。

例 $\underset{-2}{H_2S} \cdot \underset{+2}{Fe^{2+}}$

$$H_2S \longrightarrow S + 2e^-$$

俺は e^- を充分持ってる。
これからは e^- を捨てていく。

▼ 陰性が弱い非金属イオン

非金属は陰性（e^- を受け取り負に帯電する性質）であるため、陰イオンで存在するのが幸せです。

しかし、陰性の弱い非金属イオンは e^- を放出することがあるため、還元剤Ⓡとして働きます。

例 S^{2-}・I^-

次の表が知っておくべき還元剤®です。

まず、パッと見て「還元剤！」と答えられるようになりましょう。

そして、化学反応式を書くために「何に変化するか（下の表）」まで暗記しましょう。

塩化スズ(Ⅱ)	$Sn^{2+} \longrightarrow Sn^{4+}$
硫化鉄(Ⅱ)	$Fe^{2+} \longrightarrow Fe^{3+}$
硫化水素	$H_2S \longrightarrow S$
過酸化水素	$H_2O_2 \longrightarrow O_2$
二酸化硫黄	$SO_2 \longrightarrow SO_4^{2-}$
金属の単体M	$M \longrightarrow M^{n+}$
シュウ酸	$H_2C_2O_4 \longrightarrow CO_2$
ハロゲン化物イオンX^-	$X^- \longrightarrow X_2$

過酸化水素H_2O_2と二酸化硫黄SO_2は酸化剤◎としても還元剤®としても働きます。

H_2O_2は通常酸化剤◎として働き、反応する相手が酸化剤◎のときに還元剤®となります。

SO_2は通常還元剤®として働き、反応する相手が還元剤®のときに酸化剤◎となります。

よってH_2O_2と二酸化硫黄SO_2は、反応相手を見て、酸化剤◎と還元剤®のどちらとして働いているかを判断します。

例 $H_2S + SO_2$

H_2Sは還元剤®であるため、このときSO_2は酸化剤◎として働いています。

シュウ酸は、$H_2C_2O_4$じゃなくて、$C_2O_4^{2-}$って書いてあるの見たことあるわ。どっちでもいいの？

$C_2O_4^{2-}$になっていたとき、『シュウ酸』じゃなくて『シュウ酸ナトリウム』だったんじゃないかな？シュウ酸は弱酸だから、ほとんど電離してないね。だからイオンで書かないよ。それに対して、シュウ酸ナトリウムは塩だからほぼ電離しているよ。だからイオンで書くんだよ。

///////////////////////

ポイント

酸化：e^-を失うこと

還元：e^-を得ること

酸化剤：相手を酸化する物質

　　　　（自身は還元される）

還元剤：相手を還元する物質

　　　　（自身は酸化される）

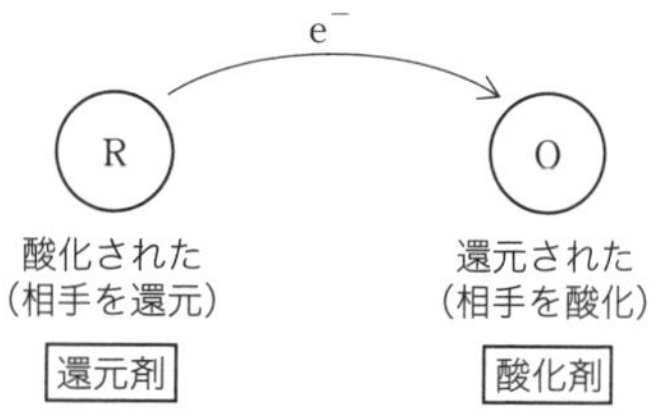

e^-

R → O

酸化された（相手を還元）　　　　還元された（相手を酸化）

還元剤　　　　　　　　　　　　酸化剤

代表的な酸化剤◎・還元剤Ⓡは「何に変化するか」まで暗記しよう！

②酸化還元反応式

(1) 半反応式

酸化還元反応の「電子e^-が見えない」問題点を解消できるのが半反応式です。

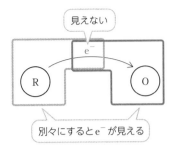

「酸化剤Ⓞがe⁻を受けとる式」と「還元剤Ⓡがe⁻を放出する式」を別々に書くことで、見えないe⁻を把握することができます。

半反応式の作り方

例 酸化剤Ⓞ：硫酸酸性過マンガン酸カリウム $KMnO_4$
　　還元剤Ⓡ：シュウ酸 $H_2C_2O_4$

(1) 酸化剤Ⓞ・還元剤Ⓡがそれぞれ何に変化するかを書く（➡ p.51, 53）

Ⓞ $MnO_4{}^- \longrightarrow Mn^{2+}$

Ⓡ $H_2C_2O_4 \longrightarrow 2CO_2$

　　　C×2コ　　　C×2コにするため
　　　　　　　　　係数2

(2) 両辺の酸素O原子数をH_2Oでそろえる

Ⓞ $MnO_4{}^- \longrightarrow Mn^{2+} + \underline{4H_2O}$

　　O×4コ　　　O×4コにするため
　　　　　　　　係数4

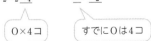

Ⓡ $H_2C_2\underline{O_4} \longrightarrow \underline{2CO_2}$

　　O×4コ　　　すでにOは4コ

(3) 両辺の水素H原子数をH$^+$でそろえる

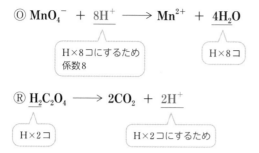

◎ $MnO_4^- + \underline{8H^+} \longrightarrow Mn^{2+} + \underline{4H_2O}$

H×8コにするため
係数8

H×8コ

Ⓡ $\underline{H_2C_2O_4} \longrightarrow 2CO_2 + \underline{2H^+}$

H×2コ

H×2コにするため

(4) 両辺の電荷の総和をe$^-$でそろえる

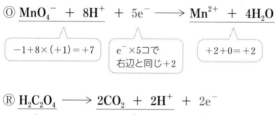

◎ $\underline{MnO_4^-} + \underline{8H^+} + \underline{5e^-} \longrightarrow \underline{Mn^{2+}} + 4H_2O$

$-1+8\times(+1)=+7$

e$^-$×5コで
右辺と同じ+2

$+2+0=+2$

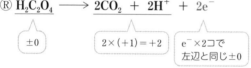

Ⓡ $\underline{H_2C_2O_4} \longrightarrow \underline{2CO_2} + \underline{2H^+} + \underline{2e^-}$

±0

$2\times(+1)=+2$

e$^-$×2コで
左辺と同じ±0

これで、移動しているe$^-$が見えるね。

手を動かして練習してみよう!!

次の表の酸化剤・還元剤の半反応式を書いてみよう。

酸化剤	オゾン	
	過酸化水素(酸性条件下)	
	（塩基性条件下）	
	過マンガン酸カリウム(酸性条件下)	
	（中性・塩基性条件下）	
	酸化マンガン(IV)	
	濃硝酸	
	希硝酸	
	熱濃硫酸	
	二クロム酸カリウム	
	ハロゲンの単体X_2	
	二酸化硫黄	

還元剤	塩化スズ(II)	
	硫化鉄(II)	
	硫化水素	
	過酸化水素	
	二酸化硫黄	
	金属の単体M	
	シュウ酸	
	ハロゲン化物イオンX^-	

解：

酸化剤	オゾン	$O_3 + 2H^+ + 2e^- \longrightarrow O_2 + H_2O$
	過酸化水素(酸性条件下)	$H_2O_2 + 2H^+ + 2e^- \longrightarrow 2H_2O$
	（塩基性条件下）	$H_2O_2 + 2e^- \longrightarrow 2OH^-$
	過マンガン酸カリウム(酸性条件下)	$MnO_4^- + 8H^+ + 5e^- \longrightarrow Mn^{2+} + 4H_2O$
	（中性・塩基性条件下）	$MnO_4^- + 2H_2O + 3e^- \longrightarrow MnO_2 + 4OH^-$
		(☞※)
	酸化マンガン(IV)	$MnO_2 + 4H^+ + 2e^- \longrightarrow Mn^{2+} + 2H_2O$
	濃硝酸	$HNO_3 + H^+ + e^- \longrightarrow NO_2 + H_2O$
	希硝酸	$HNO_3 + 3H^+ + 3e^- \longrightarrow NO + 2H_2O$

熱濃硫酸	$H_2SO_4 + 2H^+ + 2e^- \longrightarrow SO_2 + 2H_2O$
二クロム酸カリウム	$Cr_2O_7^{2-} + 14H^+ + 6e^- \longrightarrow 2Cr^{3+} + 7H_2O$
ハロゲンの単体X_2	$X_2 + 2e^- \longrightarrow 2X^-$
二酸化硫黄	$SO_2 + 4H^+ + 4e^- \longrightarrow S + 2H_2O$

※基本通りに作ると

$$MnO_4^- + 4H^+ + 3e^- \longrightarrow MnO_2 + 2H_2O$$

となります。しかし、酸性条件下ではない（酸を加えていない）ため、H^+ を放出できるのは水 H_2O しかいません。

$$MnO_4^- + \underline{4H^+} + 3e^- \longrightarrow MnO_2 + 2H_2O$$

> 出せるのはH_2Oだけ!!
> H_2Oはほとんど電離していないからイオンで書かないよ。

よって、左辺に $4OH^-$ を加えて $4H^+$ を $4\,H_2O$ に変えましょう。同様に右辺にも $4OH^-$ を加え、両辺で $2H_2O$ を相殺すると出来上がりです。

$$MnO_4^- + \boxed{4H^+ + 4OH^-} + 3e^- \longrightarrow MnO_2 + 2H_2O + 4OH^-$$
$$2\!\!\!/\,H_2O$$

↓まとめると

$$MnO_4^- + 2H_2O + 3e^- \longrightarrow MnO_2 + 4OH^-$$

還元剤	塩化スズ(II)	$Sn^{2+} \longrightarrow Sn^{4+} + 2e^-$
	硫化鉄(II)	$Fe^{2+} \longrightarrow Fe^{3+} + e^-$
	硫化水素	$H_2S \longrightarrow S + 2H^+ + 2e^-$
	過酸化水素	$H_2O_2 \longrightarrow O_2 + 2H^+ + 2e^-$
	二酸化硫黄	$SO_2 + 2H_2O \longrightarrow SO_4^{2-} + 4H^+ + 2e^-$
	金属の単体M	$M \longrightarrow M^{n+} + ne^-$
	シュウ酸	$H_2C_2O_4 \longrightarrow 2CO_2 + 2H^+ + 2e^-$
	ハロゲン化物イオンX^-	$2X^- \longrightarrow X_2 + 2e^-$

(2) 酸化還元反応式

酸化還元反応式は複雑なものが多く、一発で書くのが困難なため、酸化剤◎と還元剤®の半反応式を書いて一つにまとめる方法をとります。

$$2KMnO_4 + 5H_2C_2O_4 + 3H_2SO_4 \longrightarrow 10CO_2 + 2MnSO_4 + 8H_2O + K_2SO_4$$

この化学反応式を一発で書くのは、結構大変！

酸化還元反応式の作り方

例 硫酸酸性過マンガン酸カリウム水溶液 $KMnO_4aq$ とシュウ酸水溶液 $H_2C_2O_4aq$

(1) 酸化剤⊚と還元剤Ⓡの半反応式を作る（半反応式➡ p.55）

⊚ $MnO_4^- + 8H^+ + 5e^- \longrightarrow Mn^{2+} + 4H_2O$

Ⓡ $H_2C_2O_4 \longrightarrow 2CO_2 + 2H^+ + 2e^-$

(2) 半反応式中のe⁻の係数をそろえて2式をたす

それぞれ e^- の係数は5と2であるため、最小公倍数の10にそろえるように、酸化剤⊚の式を2倍、還元剤Ⓡの式をを5倍して2式をたします。

⊚ $MnO_4^- + 8H^+ + 5e^- \longrightarrow Mn^{2+} + 4H_2O$　（×2）

+) Ⓡ $H_2C_2O_4 \longrightarrow 2CO_2 + 2H^+ + 2e^-$　　　　（×5）

$2MnO_4^- + 5H_2C_2O_4 + 6H^+ \longrightarrow 2Mn^{2+} + 10CO_2 + 8H_2O$

これでイオン反応式の出来上がりだよ。

(3) 省略していたイオンを追加する

ここで注意が必要です!!

必ず「反応物（左辺）のイオンの出どころ」を確認しましょう。

$2\underline{MnO_4^-} + 5H_2C_2O_4 + 6\underline{H^+} \longrightarrow 2Mn^{2+} + 10CO_2 + 8H_2O$

これらのイオンの出どころは？

MnO_4^-　⇒　問題文より過マンガン酸カリウム $KMnO_4$

H^+　⇒　問題文より硫酸 H_2SO_4

よって、$2MnO_4^-$ を $2KMnO_4$ にするため K^+ を2つ、$6H^+$ を $3H_2SO_4$ にするため SO_4^{2-} を3つ、左辺に加えます。

$$\underline{2}KMnO_4+5H_2C_2O_4+\underline{3}\underline{H_2SO_4} \longrightarrow 2Mn^{2+}+10CO_2+8H_2O$$

あとは、左辺に加えたイオンを同じ数だけ右辺に加えましょう。

$$2KMnO_4+5H_2C_2O_4+3H_2SO_4 \longrightarrow \underline{2}Mn\underline{SO_4}+10CO_2+8H_2O+\underline{K_2SO_4}$$

ここで $SO_4^{2-}\times2$　　　残りの $K^+\times2$ と $SO_4^{2-}\times1$

これで酸化還元反応式のできあがりです。

手を動かして練習してみよう!!

次の酸化還元反応式を書いてみよう。

(1) 銅 + 濃硝酸

(2) ヨウ化カリウム水溶液 + 過酸化水素水

(3) 硫酸酸性二クロム酸カリウム水溶液 + 硫酸鉄(Ⅱ)水溶液

解：

(1)　　　Ⓞ $HNO_3+H^++e^- \longrightarrow NO_2+H_2O$ （×2）

　＋）Ⓡ $Cu \longrightarrow Cu^{2+}+2e^-$ 　　　　　（×1）

　　　$Cu+2HNO_3+2H^+ \longrightarrow Cu^{2+}+2NO_2+2H_2O$

左辺の H^+ を出すのは、酸化剤Ⓞであり酸でもある濃硝酸であるため、両辺に $NO_3^-\times2$ ずつ追加。

$$Cu+\boxed{2HNO_3+2HNO_3} \longrightarrow Cu\underline{(NO_3)}_2+2NO_2+2H_2O$$

↓まとめると

$$Cu+4HNO_3 \longrightarrow Cu(NO_3)_2+2NO_2+2H_2O$$

(2)　　　Ⓞ $H_2O_2+2H^++2e^- \longrightarrow 2H_2O$

　＋）Ⓡ $2I^- \longrightarrow I_2+2e^-$

　　　$H_2O_2+2H^++2I^- \longrightarrow I_2+2H_2O$

酸を加えておらず、左辺のH^+を出すのはH_2Oであるため、両辺に$OH^-\times2$を追加。

また、I^-を出すのはKIであるため、両辺に$K^+\times2$を追加。

$$H_2O_2+2H^++2OH^-+2KI \longrightarrow I_2+2H_2O+2KOH$$

$2H^++2OH^-$をまとめて$2H_2O$にすると、両辺で$2H_2O$が相殺される。

$$2KI+H_2O_2+2\cancel{H_2O} \longrightarrow I_2+2\cancel{H_2O}+2KOH$$

以上より

$$\boxed{2KI+H_2O_2 \longrightarrow I_2+2KOH}$$

半反応式の時点で$H_2O_2+2e^- \longrightarrow 2OH^-$にしておいてもいいよ。$OH^-$を加えて$H^+$を$H_2O$にする作業はどの段階でしてもいいんだよ。

(3)　　　　$\unicode{0x24C4}$ $Cr_2O_7{}^{2-}+14H^++6e^- \longrightarrow 2Cr^{3+}+7H_2O$

　+）　$\unicode{0x24C7}$ $Fe^{2+} \longrightarrow Fe^{3+}+e^-$ 　　　　　　　　　　　（×6）

　　　　$Cr_2O_7{}^{2-}+6Fe^{2+}+14H^+ \longrightarrow 2Cr^{3+}+6Fe^{3+}+7H_2O$

左辺の$Cr_2O_7{}^{2-}$を出すのは$K_2Cr_2O_7$であるため、両辺に$K^+\times2$を追加。

また、Fe^{2+}を出すのは$FeSO_4$であるため、両辺に$SO_4{}^{2-}\times6$を追加。

そして、H^+を出すのはH_2SO_4であるため、両辺に$SO_4{}^{2-}\times7$を追加。

（結局、両辺に$SO_4{}^{2-}\times13$を追加することになる）

$$\underline{K_2}Cr_2O_7+6Fe\underline{SO_4}+7H_2\underline{SO_4}$$
$$\longrightarrow Cr_2\underline{(SO_4)}{}_3+3Fe_2\underline{(SO_4)}{}_3+7H_2O+\underline{K_2SO_4}$$

これがそのまま解答となる。

$$K_2Cr_2O_7+6FeSO_4+7H_2SO_4$$
$$\longrightarrow Cr_2(SO_4)_3+3Fe_2(SO_4)_3+7H_2O+K_2SO_4$$

(3)、難しいわ。

化学式が、ややこしいね。
例えば、Cr^{3+}とSO_4^{2-}から化合物を作るなら、電荷を最小公倍数の（±）6にそろえるために、
Cr^{3+}が2つ、SO_4^{2-}が3つの組み合わせになるね。
そこから$Cr_2(SO_4)_3$となるよ。落ち着いて考えると大丈夫だよ。

ポイント

半反応式・酸化還元反応式ともに、スラスラ作れるように練習しておこう！

§3　沈殿生成反応

イオン結晶の物質は、基本的に、水中で電離し溶解します。

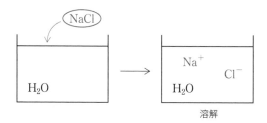

溶解

しかし、ある特定のイオン結晶は溶解しません。

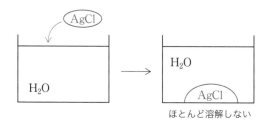

ほとんど溶解しない

溶解しないのは、溶解度積K_{sp}（➡理論化学編p.344）の小さいイオン結晶です。

$$NaCl \qquad AgCl$$

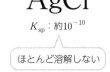

K_{sp}：約10^2 $\qquad$ K_{sp}：約10^{-10}

めっちゃ溶解 $\qquad$ ほとんど溶解しない

「沈殿を作る陽イオンと陰イオンの組合せ」と「沈殿の色」は、考えてわかる
ものではないので、知っておく必要があります。

①沈殿しないイオン・沈殿するイオン

ここでは「沈殿しないイオン」と「沈殿するイオン」に分けて確認していきま
す。

それぞれに例外の組合せがあるため、その部分は暗記していきましょう。

第2章§3の『イオンの検出』は沈殿させることがテーマなんだ。
どんな組み合わせが沈殿するか、第2章までにきちんと頭に入
れておこうね。

(1) 沈殿しないイオン

NH_4^+・アルカリ金属イオン

強酸 SA 由来のイオン

・NO_3^-

・Cl^- 【例外：Pb^{2+}・Ag^+・(Hg_2^{2+}）は沈殿する】

・SO_4^{2-}【例外：Pb^{2+}・土類（Ca族）※イオンは沈殿する】

※本書ではアルカリ土類金属を以下のように表します。
　　Be・Mg　→　土類（Mg族）
　　Ca・Sr・Ba・Ra　→　土類（Ca族）

アルカリ金属は陽性が強くて、陽イオンで存在しやすいから、
沈殿しないのはわかるわ。
でも、強酸 SA 由来のイオンが沈殿しないのはなんで？

強酸SAは、電離度 $\alpha=1$ で完全に電離するよね。どうして完全に電離する？

……イオンでいる方が幸せだから？

そう。イオンでいる方が安定（＝幸せ）なんだ。だったら、沈殿しないよね。

『沈殿する組み合わせ』に注目するなら、

$$Cl^- \quad \Rightarrow \quad Pb^{2+} \cdot Ag^+ \text{ と沈殿生成}$$
$$SO_4^{2-} \quad \Rightarrow \quad Pb^{2+} \cdot 土類（Ca族）イオンと沈殿生成$$

となります。

(2) 沈殿するイオン

$OH^- \cdot O^{2-}$

【例外：**アルカリ金属イオン・土類（Ca族）イオン**は沈殿しない】

注意：Ag^+ と OH^- からなる沈殿（AgOH）は、常温で脱水が進行し Ag_2O として析出

$$2AgOH \longrightarrow Ag_2O + H_2O$$

どうして『アルカリ金属』と『土類（Ca族）』のイオンは沈殿しないと思う？

アルカリ金属・土類（Ca族）の水酸化物や酸化物は強塩基SBだから！
(1)でやった強酸SA由来のイオンが沈殿しない理由と同じね？

正解!!

弱酸WA由来の多価イオン

・CO_3^{2-} ・（CrO_4^{2-}）・（SO_3^{2-}）

【例外：<u>NH_4^+・土類（Ca族）イオンは沈殿しない</u>】

・S^{2-} 【例外：<u>イオン化傾向⑱Al以上のイオンは沈殿しない</u>】

弱酸WA由来が沈殿しやすいのは、強酸SAの逆だからわかるわ。
『多価』っていうのは何か意味があるの？

多価だと、陰イオンとの間のクーロン力が強くなるから、
より沈殿しやすくなると考えるといいよ。
CO_3^{2-}の場合はCO_3^{2-}の沈みやすさより、NH_4^+やアルカリ
金属イオンの沈みにくさが勝つイメージだね。
S^{2-}は陽イオンのイオン化傾向次第っていうイメージだよ。

表現を変えて『沈殿する組み合わせ』に注目するなら、

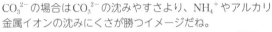

OH^-・O^{2-} ⇒ アルカリ金属イオン・土類（Ca族）イオン以外と沈殿生成
CO_3^{2-} ⇒ NH_4^+・アルカリ金属イオン以外と沈殿生成
S^{2-} ⇒ イオン化傾向⑱Zn以下のイオンと沈殿生成

となります。

「沈殿するイオン」で確認した沈殿は全て、強酸性にすると溶解します。

【例外：S^{2-}　⇒　**イオン化傾向傾 Sn 以下**は強酸性にしても溶解しない】

例　$Zn(OH)_2$

$$Zn(OH)_2 + 2HCl \longrightarrow ZnCl_2 + 2H_2O \quad （中和反応で溶解）$$

$CaCO_3$

$$CaCO_3 + 2HCl \longrightarrow CaCl_2 + H_2O + CO_2 \quad （弱酸遊離反応で溶解）$$

> 強酸性にしても溶解しない『イオン化傾向 Sn 以下の硫化物』はガチガチの沈殿だというイメージで頭に入れておこうね。

②沈殿の色

代表的な沈殿の色は「白」なので、「白以外」の色を暗記しておくと、暗記量が減ります。

ただし、硫化物は基本「黒」なので、「黒以外」の色を暗記しましょう。

代表的な沈殿の色

太字　⇒　頻出

※　⇒　沈殿生成反応ではなく、他の分野やテーマで大切な色

$AgCl$	白	$AgBr$	淡黄	AgI	黄	$PbCl_2$	白
$BaSO_4$	白	$CaSO_4$	白	$PbSO_4$	白	$CaCO_3$	白
$BaCO_3$	白	水酸化鉄(Ⅲ)	赤褐	$Fe(OH)_2$	淡緑	$Cu(OH)_2$	青白
Fe_2O_3※	赤褐	CuO※	黒	Cu_2O※	赤	Ag_2O	(暗)褐
PbS	黒	CuS	黒	Ag_2S	黒	CdS	黄
MnS	淡赤	ZnS	白	Ag_2CrO_4	赤褐	$PbCrO_4$	黄
$BaCrO_4$	黄						

ポイント

沈殿生成するイオンの組み合わせ

Cl^- ⇒ $Pb^{2+} \cdot Ag^+$

SO_4^{2-} ⇒ $Pb^{2+} \cdot$ 土類（Ca族）イオン

$OH^- \cdot O^{2-}$ ⇒ アルカリ金属イオン・土類（Ca族）以外のイオン[※]

CO_3^{2-} ⇒ $NH_4^+ \cdot$ アルカリ金属イオン以外[※]

S^{2-} ⇒ イオン化傾向がZn以下のイオン[※]

※強酸性にすると沈殿溶解

（硫化物沈殿でイオン化傾向Sn以下は除く）

沈殿の色

塩化物・硫酸塩・炭酸塩 ⇒ 白

硫化物 ⇒ 基本黒

　　　　　ZnS　白　　CdS　黄　　MnS　淡赤

水酸化物 ⇒ 基本白

　　　　　水酸化鉄（Ⅲ）　赤褐　　　　$Fe(OH)_2$　淡緑

　　　　　$Cu(OH)_2$　青白

　　　　　Ag_2O　（暗）褐　（脱水により酸化物に）

クロム酸塩 ⇒ Ag_2CrO_4　赤褐　　$PbCrO_4$　黄

　　　　　$BaCrO_4$　黄

③沈殿生成反応の化学反応式

　沈殿生成の組み合わせに気付くことができれば、化学反応式を書くことはできます。

例 塩化ナトリウム水溶液 ＋ 硝酸銀水溶液

$$NaCl + AgNO_3 \longrightarrow AgCl + NaNO_3$$

沈殿の組み合わせだ!!

気をつけなくてはならないのは「**イオン反応式**」を書くときです。
注意点を確認してみましょう。

(1) 沈殿生成に関与しないイオンは書かない

例 塩化ナトリウム水溶液 ＋ 硝酸銀水溶液

$$Cl^- + Ag^+ \longrightarrow AgCl$$

すべてのイオンを表記したら次のようになります。

$$Na^+ + Cl^- + Ag^+ + \cancel{NO_3^-} \longrightarrow AgCl + \cancel{Na^+} + \cancel{NO_3^-}$$

沈殿生成に関与しないイオンは両辺で相殺されますね。

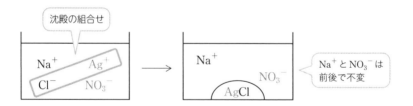

沈殿の組合せ

Na$^+$とNO$_3^-$は
前後で不変

(2) 弱酸WA・弱塩基WBはイオンにしない

沈殿生成反応をイオン反応式で書くとき、弱酸WA・弱塩基WBをイオンで
書いてはいけません。

例 塩化銅(II)水溶液 ＋ 硫化水素

$$\overline{Cu^{2+} + S^{2-}} \longrightarrow CuS \qquad H_2S は弱酸WA！ \quad イオンにしない!!$$

　弱酸WA・弱塩基WBが関与しているとき、電離と沈殿生成が同時に進行しているからです。

①沈殿生成に使われて減少

$$H_2S \rightleftarrows 2H^+ + S^{2-} \quad (H_2Sの電離)$$

②S^{2-}増加方向(右)に移動

$$Cu^{2+} + S^{2-} \longrightarrow CuS \quad (CuSの沈殿生成)$$

この2つの反応が同時に進行するため、2式をたすと次のようになります。

$$Cu^{2+} + H_2S \longrightarrow CuS + 2H^+$$

これが、正解のイオン反応式です。

手を動かして練習してみよう!!

次の反応をイオン反応式で書いてみよう。

(1) 硝酸銀水溶液 + 塩化バリウム水溶液
(2) 塩化アルミニウム水溶液 + アンモニア水
(3) 硝酸銀水溶液 + 水酸化ナトリウム水溶液

解:

(1) 沈殿を作る組み合わせはAg^+とCl^-で、反応物の中に弱酸WAや弱塩基WBはないため、イオン反応式は次のようになる。

$$Ag^+ + Cl^- \longrightarrow AgCl$$

(2) 沈殿を作る組み合わせはAl^{3+}とアンモニアNH_3から生じるOH^-。NH_3は弱塩基WBであるため、電離と沈殿生成が同時に進行する。

電離　　　　$NH_3 + H_2O \rightleftarrows NH_4^+ + OH^- \quad (\times 3)$

$+$) 沈殿生成　$Al^{3+} + 3OH^- \longrightarrow Al(OH)_3$

$$Al^{3+} + 3NH_3 + 3H_2O \longrightarrow Al(OH)_3 + 3NH_4^+$$

(3) 沈殿を作る組み合わせは Ag^+ と OH^- であるが、生じる沈殿は $AgOH$ ではなく、脱水により Ag_2O となる（➡p.64）ことに注意が必要。

$$\text{沈殿生成} \quad Ag^+ + OH^- \longrightarrow AgOH \quad (\times 2)$$
$$+)\ \text{脱水} \quad 2AgOH \longrightarrow Ag_2O + H_2O$$
$$\overline{2Ag^+ + 2OH^- \longrightarrow Ag_2O + H_2O}$$

///////////////

📖 ポイント

沈殿生成反応のイオン反応式
- 沈殿生成反応に関与しないイオンは省略する
- 弱酸 **WA**・弱塩基 **WB** はイオンにしない

▶ §4 錯イオン生成反応

①錯イオン

通常、水中の亜鉛イオンは Zn^{2+} と表記していますが、本当の姿は違います。H_2O 分子が配位結合して錯イオン $[Zn(H_2O)_4]^{2+}$ を形成しています。

このように溶液中で、溶媒の水 H_2O 分子、その他分子やイオンなどと化学結合（主に配位結合）を形成したイオンを**錯イオン**といいます。

$$[Zn(H_2O)_4]^{2+}$$
（水中の Zn^{2+}）

通常、H_2O 分子を省略して表記するため、錯イオンになっていることを意識しにくいため、気をつけましょう。

H$_2$O が表記されてなくても錯イオン作るって判断できなきゃいけないの？
覚えるの大変そう……。

基本的に錯イオンを作るのは『遷移元素＋両性金属』だよ。
よく出題されるものは決まってるから、きっと、自然に覚えると思うよ。

（1）表し方と命名法

表し方

$$[\ \mathbf{M}\ (\ \mathbf{L}\ )_{\boldsymbol{n}}\ ]^{m\pm}$$

中心金属　　　配位子※　　配位数

※中心金属Mイオンに対して非共有電子対を提供（配位結合）する分子やイオン

命名法

配位数 n ＋配位子 L 名※＋中心金属 M 名＋（金属酸化数）＋酸＋イオン

陰イオンのみ

※配位子名

NH$_3$	アンミン	OH$^-$	ヒドロキシド	CN$^-$	シアニド	Cl$^-$	クロリド
H$_2$O	アクア	SCN$^-$	チオシアナト	S$_2$O$_3$$^{2-}$	チオスルファト		

NH$_3$は『アンモニア』じゃなくて『アンミン』なのね。
分子やイオンの名前と配位子の名前って違うのね。ややこしいわ。

そうなんだ。
配位子として働くとき専用の芸名だと思って、
出てきたものから頭に入れていこうね。

例 $[\mathrm{Zn}(\mathrm{NH_3})_4]^{2+}$

テトラ アンミン 亜鉛 （Ⅱ）イオン　（陽イオンなので『酸』はつけない）
　配位数　　配位子名　中心金属　酸化数

解：

(1) ジアンミン銀(I)イオン

(2) テトラヒドロキシド亜鉛(II)酸イオン

陰イオンなので『酸』をつけることに注意。

(3) ヘキサシアニド鉄(II)酸イオン

鉄FeイオンにはFe^{2+}とFe^{3+}があるため注意。

Feの酸化数をxとすると、シアン化物イオンCN^-の酸化数は全体で-1なので、次のような式が成立。

$$x+(-1)\times6=-4 \qquad \boxed{x=+2}$$

よって、鉄(II)イオンFe^{2+}であることがわかる。

(2) 金属イオンと配位子の組み合わせ

基本的に錯イオンを作る金属イオンは、**遷移元素 + 両性金属**です。

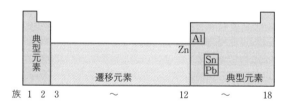

そして、金属イオンと配位子の組み合わせは決まっています。出題されるものは決まっているので、代表的なものを一つずつ頭に入れていきましょう。

配位子	金属イオン	頻出例
NH_3	3～12族の1価と2価のイオン(Fe^{2+}を除く)	Cu^{2+}・Ag^+・Zn^{2+}
CN^-	3～12族のイオン	Fe^{2+}・Fe^{3+}・Ag^+
SCN^-	Fe^{3+}のみ	
$S_2O_3{}^{2-}$	Ag^+のみ	
OH^-	両性金属のイオン	Al^{3+}・Zn^{2+}

NH_3とOH⁻の錯イオンは超頻出だよ。
『どうしても$\underset{銀}{銀}$さんに会えんとは、あんまりだ』
(少し訛った感じでいうと、「あんまりだ」が「アンモニア」に聞こえるよ)
『ああすんなり強塩基に溶ける』って覚えたよ。

(3) 配位数

基本的に配位数は、**中心金属の酸化数×2**です。

例　　　　　　　　配位数

Ag^+　$\Rightarrow$　$1 \times 2 = 2$

Zn^{2+}　$\Rightarrow$　$2 \times 2 = 4$

Cu^{2+}　$\Rightarrow$　$2 \times 2 = 4$

Fe^{3+}　$\Rightarrow$　$3 \times 2 = 6$

注意が必要なのは$Fe^{2+} \cdot Co^{2+} \cdot Ni^{2+} \cdot Al^{3+}$で、これらの**配位数は6**になります。

Al^{3+}の酸化数は酸化数の2倍で6だから、基本通りじゃないかしら。

そうだね。でも、錯イオンは次のように表記するから要注意だよ。

$$[Al(OH)_4]^-$$

あら？　配位数4なの？

§4 錯イオン生成反応　073

いや。配位数は6なんだ。本当の姿はこれだよ。

$$[\mathrm{Al(OH)_4(H_2O)_2}]^-$$

$\mathrm{H_2O}$は通常省略するから、配位数が4に見えるのね。気をつけなくちゃ。

(4) 形

　錯イオンの形は、頂点数が配位数と一致する対称性の高い形になります。代表的なものを意識しておきましょう。

配位数2　⇒　直線

例　$[\mathrm{Ag(NH_3)_2}]^+$

$$\mathrm{H_3N} \longrightarrow \mathrm{Ag}^+ \longleftarrow \mathrm{NH_3} \qquad \longleftarrow :配位結合$$

配位数4　⇒　正四面体・正方形

例　$[\mathrm{Zn(NH_3)_4}]^{2+}$　正四面体

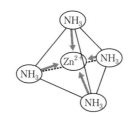

$[\mathrm{Cu(NH_3)_4}]^{2+}$　正方形

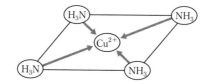

配位数6 ⇒ **正八面体**

例 $[Fe(CN)_6]^{3-}$ 正八面体

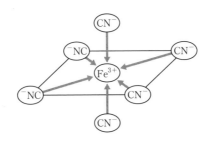

どうして配位数4のZn^{2+}とCu^{2+}は形が違うの？

電子殻の中には、s・p・dっていう電子が入る部屋（軌道）があって、
配位子が配位結合で埋めてくれるのは軌道なんだ。
Zn^{2+}とCu^{2+}では、配位結合する軌道が違うんだよ。
Zn^{2+}はs軌道×1＋p軌道×3の合計4つ。
Cu^{2+}はd軌道×1＋s軌道×1＋p軌道×2の合計4つ。
この2つの形は区別して覚えておこうね。

(5) 錯塩

錯イオンを含む塩を**錯塩**といいます。

例 $K_4[Fe(CN)_6]$ ヘキサシアニド鉄(Ⅱ)酸カリウム

錯塩は水中で、錯イオンとその他イオンに電離します。

$$K_4[Fe(CN)_6] \longrightarrow 4K^+ + [Fe(CN)_6]^{4-}$$

錯イオンが壊れることはないので、気をつけましょう。

$$K_4[Fe(CN)_6] \xrightarrow{\quad\times\quad} 4K^+ + Fe^{2+} + 6CN^-$$

錯イオン

$$[\text{ M } (\text{ L }) _n]^{m\pm}$$

中心金属　配位子　配位数

名　配位数n＋配位子L名＋中心金属M名＋（金属酸化数）
　　　　＋酸＋イオン

　　　　　陰イオンのみ

組み合わせ　NH_3　⇒　Cu^{2+}・Ag^+・Zn^{2+}

　　　　　　　CN^-　⇒　Fe^{2+}・Fe^{3+}・Ag^+

　　　　　　　SCN^-　⇒　Fe^{3+}、$S_2O_3{}^{2-}$　⇒　Ag^+

　　　　　　　OH^-　⇒　Al^{3+}・Zn^{2+}

配位数　金属の酸化数×2（Alは注意が必要）

形　Ag^+　⇒　直線　　　Zn^{2+}　⇒　正四面体

　　　　Cu^{2+}　⇒　正方形　　Fe^{3+}　⇒　正八面体

②錯イオン生成反応

亜鉛Znを例に、錯イオン生成反応を確認していきましょう。

まず、亜鉛イオンZn^{2+}は水中で、錯イオン$[Zn(H_2O)_4]^{2+}$になっているんでしたね。

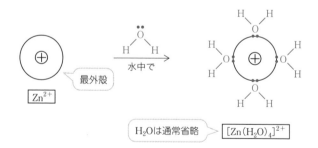

ここに、H_2Oより配位する力の強い配位子（例えばOH^-）がやってくるとH_2Oと置き換わります。

$$[Zn(H_2O)_4]^{2+} \qquad\qquad [Zn(OH)_4]^{2-}$$

ただし、一度に4つが置き換わるわけではありません。基本的に2つずつ（対称性が高い）です。

2つが置き換わると次のようになります。

$$[Zn(H_2O)_4]^{2+} \xrightarrow[沈殿生成]{:OH^-\times 2} [Zn(OH)_2(H_2O)_2]\downarrow$$

$[Zn(OH)_2(H_2O)_2]$ は電荷を持たないため、水溶液中では沈殿します。

実は、これは沈殿生成反応（➡ p.62）です。通常通り、配位子の H_2O を省略してみましょう。

$$Zn^{2+} \xrightarrow{2OH^-} Zn(OH)_2\downarrow$$

本当だわ。沈殿生成反応ね。
アルカリ金属と土類（Ca族）のイオン以外は塩基性にすると沈殿するのよね？

その通り。H_2O を省略すると気づくよね。

そして、さらに OH^- を加えていくと全ての H_2O が OH^- に置き換わって溶解します。

$$[Zn(OH)_2(H_2O)_2]\downarrow \xrightarrow[再溶解]{:OH^-\times 2} [Zn(OH)_4]^{2-}$$

これを、**再溶解**といいます。

まとめると、次のようになります。

$$[\mathrm{Zn(H_2O)_4}]^{2+} \xrightarrow[\text{沈殿}]{2\mathrm{OH}^-} [\mathrm{Zn(OH)_2(H_2O)_2}]\downarrow \xrightarrow[\text{再溶解}]{2\mathrm{OH}^-} [\mathrm{Zn(OH)_4}]^{2-}$$

↓H₂Oを省略

$$\mathrm{Zn}^{2+} \xrightarrow[\text{沈殿}]{2\mathrm{OH}^-} \mathrm{Zn(OH)_2}\downarrow \xrightarrow[\text{再溶解}]{2\mathrm{OH}^-} [\mathrm{Zn(OH)_4}]^{2-}$$

では、配位子を$\mathrm{NH_3}$に変えて確認しましょう。

$\mathrm{NH_3}$は水中で、次のように電離しているため、2つの配位子($\mathrm{NH_3}$とOH^-) が存在します。

$$\underline{\mathrm{NH_3}}+\mathrm{H_2O} \rightleftharpoons \mathrm{NH_4}^+ + \underline{\mathrm{OH}^-}$$

共に配位子

2つのうち、最初に$[\mathrm{Zn(H_2O)_4}]^{2+}$の$\mathrm{H_2O}$と置き換わるのは$\mathrm{OH}^-$です。

$$[\mathrm{Zn(H_2O)_4}]^{2+} \xrightarrow[\text{沈殿}]{2\mathrm{OH}^-} [\mathrm{Zn(OH)_2(H_2O)_2}]\downarrow$$

> どうしてOH^-が先に置き換わるの？

> $[\mathrm{Zn(H_2O)_4}]^{2+}$はプラスに帯電しているから、陰イオンの
> OH^-が引きつけられていくって考えるといいよ。

さらに$\mathrm{NH_3}$を加えていくと、全ての配位子が$\mathrm{NH_3}$で置き換わり、再溶解が

起こります。

$$[Zn(OH)_2(H_2O)_2]\downarrow \xrightarrow[再溶解]{4NH_3} [Zn(NH_3)_4]^{2+}$$

どうして次は全部 NH_3 で置き換わるの？

まず、$[Zn(OH)_2(H_2O)_2]$ は電荷をもたないから、最初と違って、OH^- が引きつけられることはないね。
そして、NH_3 は弱塩基で、ほとんど電離してないから、NH_3 のほうが数では圧倒的に勝ってるんだ。
だから NH_3 で置き換わるっていうイメージで頭に入れるといいよ。

まとめると、次のようになります。

$$[Zn(H_2O)_4]^{2+} \xrightarrow[沈殿]{2OH^-} [Zn(OH)_2(H_2O)_2]\downarrow \xrightarrow[再溶解]{4NH_3} [Zn(NH_3)_4]^{2+}$$

$\downarrow H_2O$ を省略

$$Zn^{2+} \xrightarrow[沈殿]{2OH^-} Zn(OH)_2\downarrow \xrightarrow[再溶解]{4NH_3} [Zn(NH_3)_4]^{2+}$$

このように、錯イオンが関わる反応をまとめて錯イオン生成反応といいます。

もともと水中で H_2O が配位子の錯イオンだけど、H_2O は省略して表すから、『沈殿生成反応』と『再溶解』って表現することが多いよ。

手を動かして練習してみよう!!

次の化学変化をイオン反応式で書いてみよう。

複数の反応が起こる場合は、全ての反応のイオン反応式を書こう。

(1) 硫酸亜鉛 $ZnSO_4$ 水溶液に水酸化ナトリウム $NaOH$ 水溶液を少量ずつ十分に加える

(2) 塩化銅（Ⅱ）$CuCl_2$ 水溶液に水酸化ナトリウム $NaOH$ 水溶液を少量ずつ十分に加える

(3) 硝酸銀 $AgNO_3$ 水溶液にアンモニア NH_3 水を少量ずつ十分に加える

解：

(1) $Zn^{2+} \xrightarrow[①]{NaOHaq} Zn(OH)_2 \xrightarrow[②]{NaOHaq} [Zn(OH)_4]^{2-}$

① $Zn^{2+} + 2OH^- \longrightarrow Zn(OH)_2$

② $Zn(OH)_2 + 2OH^- \longrightarrow [Zn(OH)_4]^{2-}$

(2) $Cu^{2+} \xrightarrow{NaOHaq} Cu(OH)_2$

Cu^{2+} は OH^- と錯イオンを形成しないため沈殿生成のみ

$Cu^{2+} + 2OH^- \longrightarrow Cu(OH)_2$

(3) $Ag^+ \xrightarrow[①]{NH_3aq} (AgOH) \xrightarrow{-H_2O} Ag_2O \xrightarrow[②]{NH_3aq} [Ag(NH_3)_2]^+$

①HN_3は弱塩基なので、電離と沈殿生成が同時に進行します（➡ p.68）。

そして、$AgOH$ は脱水により Ag_2O となります（➡ p.64）。

電離	$NH_3 + H_2O \rightleftharpoons NH_4^+ + OH^-$	（×2）
沈殿生成	$Ag^+ + OH^- \longrightarrow AgOH$	（×2）
+）脱水	$2AgOH \longrightarrow Ag_2O + H_2O$	

$2Ag^+ + 2NH_3 + H_2O \longrightarrow Ag_2O + 2NH_4^+$

②反応物の酸化物（XO）は、形式的に水 H_2O を足し、水酸化物（XOH）に変えましょう（➡ p.19）。

$$Ag_2O + H_2O \longrightarrow 2\,AgOH \quad \cdots\cdots（\text{ⅰ}）$$

そして、Ag は NH_3 と錯イオンを形成するため、再溶解が進行します。

$$AgOH + 2NH_3 \longrightarrow [Ag(NH_3)_2]^+ + OH^- \quad \cdots\cdots（\text{ⅱ}）$$

（ⅰ）＋（ⅱ）×2 より

$$Ag_2O + H_2O + 4NH_3 \longrightarrow 2[Ag(NH_3)_2]^+ + 2OH^-$$

▷§5 分解反応

①分解反応

1種の化合物が2種以上の物質に変化する反応を**分解反応**といいます。

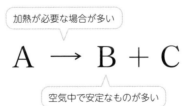

加熱が必要な場合が多い

$$A \longrightarrow B + C$$

空気中で安定なものが多い

　分解反応は、加熱によって無理矢理進行させることも多いため、ある程度は知っておく必要があります。

『生じる物質は空気中で安定なものが多い』って意識しておくといいよ。

また、酸化還元反応が多いのも特徴です。1つの物質が2つ以上に分かれる酸化還元反応は分解反応と分類します。

②代表的な分解反応

基本的に(8)以外加熱が必要です。それぞれ確認していきましょう。

(1) $CaCO_3 \longrightarrow CaO + CO_2$

アンモニアソーダ法(➡p.134)や鉄の工業的製法(➡p.156)で登場します。この反応単独でも問われることがあります。

(2) $2NaHCO_3 \longrightarrow Na_2CO_3 + CO_2 + H_2O$

アンモニアソーダ法(➡p.134)で登場します。常温では逆反応が進行します。

(3) $Ca(HCO_3)_2 \longrightarrow CaCO_3 + CO_2 + H_2O$

この反応も常温では逆反応が進行します。石灰水に二酸化炭素を吹き込むと白濁し、吹き込み続けると無色に戻る(二酸化炭素の検出➡p.101)反応で登場します。

(4) $CuSO_4 \cdot 5H_2O \longrightarrow CuSO_4 + 5H_2O$

硫酸銅五水和物だけでなく、水和物は加熱により水和水を失います。正確には、次のように変化します。

$$CuSO_4 \cdot 5H_2O \xrightarrow{150℃} CuSO_4 \cdot H_2O \xrightarrow{300℃} CuSO_4 \xrightarrow{900℃} CuO + SO_3$$
$$(2SO_3 \rightleftarrows 2SO_2 + O_2)$$

(5) $NH_4NO_2 \longrightarrow N_2 + 2H_2O$

N_2の実験室的製法(➡p.92)で登場します。「同じ元素で酸化数が違うときには真ん中で落ち着く」の一例でもあります。

$$\underset{-3 \quad +3}{NH_4NO_2} \longrightarrow \underset{0}{N_2} + 2H_2O$$

(6) $HCOOH \longrightarrow CO + H_2O$ (濃硫酸触媒)

　一酸化炭素の実験室的製法 (➡ p.92) で登場します。濃硫酸の脱水作用が原動力です。

(7) $2KClO_3 \longrightarrow 2KCl + 3O_2$ (MnO$_2$触媒)

　酸素の実験室的製法で登場します。

$$2\underset{+5}{K\underline{Cl}O_3} \longrightarrow 2\underset{-1}{K\underline{Cl}} + 3O_2$$

　ハロゲンは17族であるため、酸化数 -1 が一番安定します。そのために酸素Oを切りはなすイメージを持ちましょう。

> このとき、オゾンO_3じゃなくて、酸素O_2が生じるよ。
> これが『生じる物質は空気中で安定なものが多い』だよ。

(8) $2H_2O_2 \longrightarrow 2H_2O + O_2$ (MnO$_2$触媒・加熱不要)

　過酸化水素 H_2O_2 は酸化剤としても還元剤としても働きます (➡ p.53)。

　　Ⓞ $H_2O_2 + 2H^+ + 2e^- \longrightarrow 2H_2O$

　　Ⓡ $H_2O_2 \longrightarrow O_2 + 2H^+ + 2e^-$

　MnO_2 が存在すると、自分自身で酸化還元反応を起こします。よって、この上の2式をたしたものが反応式になります。

📝 ポイント

　分解反応

　・空気中で安定なものが出て行きやすい

　・基本的に加熱が必要

　・代表的なものを確認しておこう

第2章 無機化合物の性質［テーマ別］

テーマ別に無機化合物の性質を確認していきます。
その中で、第1章で学んだ反応も多く出てきます。その都度、
第1章の反応に戻り、復習しておきましょう。
第1章・第2章をクリアすれば、無機化学における頻出分
野の大部分が終了したことになります。
1つずつ確実にクリアしていきましょう。

第2章の目標

- ➡ 気体の製法・性質を答えられるようになろう。
- ➡ 金属の単体の性質をイオン化傾向で確認しておこう。
- ➡ 系統分析の流れを頭に入れておこう。
- ➡ 工業的製法を確認し、流れを頭に入れておこう。

§1 気体

①主な気体の製法

気体の製法に関する問題の多くは「反応物が与えられて、発生する気体を答
える」というものです。

何反応？

$$A + B \longrightarrow \text{発生する気体は？}$$

このとき、与えられた反応物の組み合わせから「何反応が進行するか」が答
えられれば、発生する気体を暗記する必要はなく、化学反応式も自分で作るこ
とができます。

そのためには、第1章の反応をしっかりと理解しておく必要があります。

例 硫化鉄FeS＋希硫酸H_2SO_4

⇒ 弱酸WAである硫化水素H_2Sの組み合わせが確認できる

$FeS+H_2SO_4$

⇒ よって、弱酸遊離反応によりH_2Sが発生

$$FeS+H_2SO_4 \longrightarrow H_2S+FeSO_4$$

しかし「目的の気体を得るために適切な反応物は何か」を問われたときには、「目的の気体がどんな性質か」を考え、製法を提案できなくてはいけません。

反応物は？　⟶　気体X

どんな性質の気体？

例 硫化水素H_2Sを発生させるのに適切な物質は？

⇒ H_2Sは弱酸WA

⇒ 弱酸遊離反応で作ることができる

⇒ 硫化物と強酸SAの組み合わせで作ればよい

$$S^{2-}+H^+（強酸SA） \longrightarrow H_2S$$

⇒ 硫化物は硫化鉄FeSだけでなく、硫化ナトリウムNa_2Sでもよい

強酸SAは希硫酸H_2SO_4だけでなく、希塩酸HClを用いてもよい

製法って1つだけじゃないのね。

一番よく使われる製法が教科書に載っているし、それが出題されることが多いんだ。
ただ、それだけを丸暗記したら、そうではない組み合わせで問われたり、『○○を●●に変えてもよいか』という問いに答えられなくなっちゃうね。

『どんな反応で作ればいいか』をしっかり理解しておけば、丸暗記していなくても対応できるわね。

では、「どんな反応で作ればよいか」を考えながら、代表的な気体の製法を確認していきましょう。

（1）酸化還元反応：目的の気体が酸化剤や還元剤から生じる気体のとき

	気体	製法	化学反応式
①	H_2	亜鉛 + 希硫酸	$Zn + H_2SO_4 \longrightarrow ZnSO_4 + H_2$
②※	Cl_2	酸化マンガン(Ⅳ) + 濃塩酸	$MnO_2 + 4HCl \longrightarrow MnCl_2 + 2H_2O + Cl_2$
		高度さらし粉 + 塩酸 加熱不要	$Ca(ClO)_2 + 4HCl \longrightarrow CaCl_2 + 2H_2O + 2Cl_2$
③※	SO_2	銅 + 濃硫酸	$Cu + 2H_2SO_4 \longrightarrow CuSO_4 + SO_2 + 2H_2O$
④	NO	銅 + 希硝酸	$3Cu + 8HNO_3 \longrightarrow 3Cu(NO_3)_2 + 2NO + 4H_2O$
⑤	NO_2	銅 + 濃硝酸	$Cu + 4HNO_3 \longrightarrow Cu(NO_3)_2 + 2NO_2 + 2H_2O$

※加熱が必要な製法

▼ ①水素H_2　（◎ $H^+ \longrightarrow H_2$）

H_2はH^+が酸化剤◎として働くと生じる気体であるため、酸化還元反応を利用して作ります。

　　還元剤Ⓡ $+ H^+ \longrightarrow H_2$

使用する還元剤は、イオン化傾向がHより大きい金属です。

イオン化傾向がHより大きい金属は希酸と反応し、H_2が発生します（➡ p.112）。

よって、亜鉛Zn以外に鉄FeなどでもH_2を作ることができます。

$Fe + H_2SO_4 \longrightarrow FeSO_4 + H_2$

また、希硫酸は希塩酸でも可能です。

$Zn + 2HCl \longrightarrow ZnCl_2 + H_2$

▼ ②塩素Cl_2　（Ⓡ $Cl^- \longrightarrow Cl_2$）

Cl_2はCl^-が還元剤Ⓡとして働くと生じる気体であるため、酸化還元反応を利用して作ります。

$$酸化剤 \odot + Cl^- \longrightarrow Cl_2$$

使用する酸化剤⊙は、少し特殊な酸化マンガン(IV)MnO_2です。MnO_2は弱い酸化剤⊙なので、加熱が必要です。

どうしてわざわざ弱い酸化剤⊙を使うの？
過マンガン酸カリウム$KMnO_4$やニクロム酸カリウム$K_2Cr_2O_7$じゃダメなの？

$KMnO_4$や$K_2Cr_2O_7$でもCl_2は発生するよ。
でも、少し危険なんだ。
例えば途中でCl_2が漏れ始めた場合、$KMnO_4$や$K_2Cr_2O_7$を使ってたら、反応を止めることができない。
Cl_2は有毒な気体だから、死ぬか逃げるかになっちゃう。
でも、MnO_2は加熱が必要だから、バーナーをずらすとCl_2の発生を止めることができるんだ。

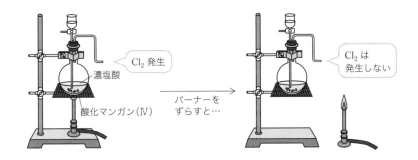

反応式は、酸化還元反応式の作り方(➡ p.59)通りに作ってみましょう。

$$\odot \ MnO_2 + 4H^+ + 2e^- \longrightarrow Mn^{2+} + 2H_2O$$
$$+) \ ® \ 2Cl^- \longrightarrow Cl_2 + 2e^-$$

$$\overline{MnO_2 + 4H^+ + 2Cl^- \longrightarrow Mn^{2+} + 2H_2O + Cl_2}$$

両辺に$2Cl^-$を追加すると出来上がりです。

$$MnO_2 + 4HCl \longrightarrow MnCl_2 + 2H_2O + Cl_2$$

もう1つの製法を確認しましょう。

高度さらし粉 $Ca(ClO)_2$ には酸化力をもつ次亜塩素酸イオン ClO^- がありますが、ClO^- と Cl^- で酸化還元反応が進行する前に、弱酸遊離反応により、弱酸の次亜塩素酸 $HClO$ が生じます。

$$Ca(ClO)_2 + 2HCl \longrightarrow 2HClO + CaCl_2 \quad \cdots\cdots (ⅰ)$$

そして、$HClO$ と Cl^- で酸化還元反応が進行し、Cl_2 が発生します。

$$HClO + HCl \longrightarrow Cl_2 + H_2O \quad \cdots\cdots (ⅱ)$$

（ⅰ）式と（ⅱ）式×2を足すと出来上がりです。

$$Ca(ClO)_2 + 4HCl \longrightarrow CaCl_2 + 2H_2O + 2Cl_2$$

（ⅱ）式って『同じ元素で酸化数が違うときは真ん中で落ち着く（➡ p.26）』じゃない？

そうそう。その通りだよ。

$$\underset{+1}{H\underline{Cl}O} + \underset{-1}{H\underline{Cl}} \longrightarrow \underset{0}{\underline{Cl}_2} + H_2O$$

「さらし粉＋塩酸」も同様に考える。

$$CaCl(ClO)\cdot H_2O + 2HCl \longrightarrow CaCl_2 + 2H_2O + Cl_2$$

▼ ③二酸化硫黄 SO_2 （◎ $H_2SO_4 \longrightarrow SO_2$）

　SO_2 は濃硫酸 H_2SO_4 が酸化剤◎として働くと生じる気体であるため、酸化還元反応を利用して作ります。

$$還元剤Ⓡ + H_2SO_4 \longrightarrow SO_2$$

　使用する還元剤は、イオン化傾向がHより小さい金属（Pt・Au以外）が適切なので、CuはAgに変えても SO_2 を作ることができます。

金属の単体はみんな還元剤なんじゃないの？
ZnやFeはどうしてダメなの？

ZnやFeのようにイオン化傾向がHより大きい金属はH$^+$と反応してH$_2$が発生するね。

$$Zn + H_2SO_4 \longrightarrow ZnSO_4 + H_2$$

だから、ZnやFeとH$_2$SO$_4$を反応させると、SO$_2$とH$_2$の混合気体が発生しちゃうんだ。

目的の気体はSO$_2$だから、H$_2$が混合するのは避けたいね。

反応式は酸化還元反応式の作り方 (p.59) 通りに作ってみましょう。

$$\text{Ⓞ } H_2SO_4 + 2H^+ + 2e^- \longrightarrow SO_2 + 2H_2O$$

$$+)\ \text{Ⓡ } Cu \longrightarrow Cu^{2+} + 2e^-$$

$$\overline{Cu + H_2SO_4 + 2H^+ \longrightarrow Cu^{2+} + SO_2 + 2H_2O}$$

両辺に SO$_4^{2-}$ を加えると出来上がりです。

$$Cu + 2H_2SO_4 \longrightarrow CuSO_4 + SO_2 + 2H_2O$$

▼ ④一酸化窒素NO　(Ⓞ (希) HNO$_3$ $\longrightarrow$ NO)

NOは希硝酸HNO$_3$が酸化剤Ⓞとして働くと生じる気体であるため、酸化還元反応を利用して作ります。

$$\text{還元剤Ⓡ} + (希) HNO_3 \longrightarrow NO$$

使用する還元剤は、イオン化傾向がHより小さい金属 (Pt・Au以外) が適切なので、CuはAgに変えてもNOを作ることができます。

反応式は酸化還元反応式の作り方 (p.59) 通りに作ってみましょう。

$$\text{Ⓞ } HNO_3 + 3H^+ + 3e^- \longrightarrow NO + 2H_2O \quad (\times 2)$$

$$+)\ \text{Ⓡ } Cu \longrightarrow Cu^{2+} + 2e^- \qquad\qquad (\times 3)$$

$$\overline{3Cu + 2HNO_3 + 6H^+ \longrightarrow 3Cu^{2+} + 2NO + 4H_2O}$$

両辺に NO$_3^-$ $\times 6$ を加えると出来上がりです。

$$3Cu + 8HNO_3 \longrightarrow 3Cu(NO_3)_2 + 2NO + 4H_2O$$

▼ ⑤二酸化窒素NO$_2$　(Ⓞ (濃) HNO$_3$ $\longrightarrow$ NO$_2$)

NO$_2$は濃硝酸HNO$_3$が酸化剤Ⓞとして働くと生じる気体であるため、酸化還元反応を利用して作ります。

$$\text{還元剤Ⓡ} + (濃) HNO_3 \longrightarrow NO_2$$

使用する還元剤は、イオン化傾向がHより小さい金属（Pt・Au以外）が適切なので、CuはAgに変えてもNO_2を作ることができます。

反応式は **手を動かして練習してみよう‼** （➡p.60）で確認しましょう。

(2) 弱酸・弱塩基遊離反応：目的の気体が弱酸性・弱塩基性のとき

	気体	製法	化学反応式
①	CO_2	炭酸カルシウム＋希塩酸	$CaCO_3+2HCl \longrightarrow CaCl_2+H_2O+CO_2$
②	H_2S	硫化鉄＋希塩酸	$FeS+2HCl \longrightarrow FeCl_2+H_2S$
③	SO_2	亜硫酸水素ナトリウム＋希硫酸	$2NaHSO_3+H_2SO_4 \longrightarrow Na_2SO_4+2H_2O+2SO_2$
④※	NH_3	塩化アンモニウム ＋水酸化カルシウム	$2NH_4Cl+Ca(OH)_2 \longrightarrow CaCl_2+2NH_3+2H_2O$
⑤	C_2H_2	炭化カルシウム*＋水 （*カルシウムカーバイド）	$CaC_2+2H_2O \longrightarrow Ca(OH)_2+C_2H_2$

※加熱が必要な製法

▼ ①二酸化炭素CO_2

CO_2は弱酸性の気体であるため、弱酸遊離反応を利用して作ります。

$$CO_3^{2-}+H^+（強酸SA） \longrightarrow H_2O+CO_2$$

炭酸イオンCO_3^{2-}と強酸H^+から、弱酸である炭酸H_2O+CO_2（H_2CO_3）が遊離します（➡ **手を動かして練習してみよう‼** p.37）。

$CaCO_3$は$NaHCO_3$に変えてもCO_2を作ることができます。

$$NaHCO_3+HCl \longrightarrow H_2O+CO_2+NaCl$$

希塩酸は希硫酸でもいいわよね？

そうすると硫酸カルシウム$CaSO_4$が生じるね。
$CaSO_4$は沈殿（➡p.63）だから$CaCO_3$の周りが沈殿で覆われてしまうね。

▼ ②硫化水素 H_2S

　H_2S は弱酸性の気体であるため、弱酸遊離反応を利用して作ります。

　　$S^{2-} + H^+$（強酸 SA）$\longrightarrow H_2S$

硫化物イオン S^{2-} と強酸 H^+ から、弱酸である H_2S が遊離します（➡ p.35）。
FeS を Na_2S に、HCl を H_2SO_4 に変えても H_2S を作ることができます。

　　$FeS + H_2SO_4 \longrightarrow FeSO_4 + H_2S$

▼ ③二酸化硫黄 SO_2

　SO_2 は弱酸性の気体であるため、弱酸遊離反応を利用して作ります。

　　$HSO_3^- + H^+$（強酸 SA）$\longrightarrow H_2O + SO_2$

亜硫酸水素イオン HSO_3^- と強酸 H^+ から、弱酸である亜硫酸 $H_2O + SO_2$
（H_2SO_3）が遊離します。

　　$2NaHSO_3 + H_2SO_4 \longrightarrow Na_2SO_4 + 2H_2O + 2SO_2$

▼ ④アンモニア NH_3

　NH_3 は弱塩基性の気体であるため、弱塩基遊離反応を利用して作ります。

　　$NH_4^+ + OH^-$（強塩基 SB）$\longrightarrow NH_3 + H_2O$

アンモニウムイオン NH_4^+ と強塩基 OH^- から、弱塩基である NH_3 が遊離します（➡ **手を動かして練習してみよう!!** p.36）。

　NH_4Cl を $(NH_4)_2SO_4$ に、$Ca(OH)_2$ を $NaOH$ に変えても NH_3 を作ることができます。

　　$(NH_4)_2SO_4 + 2NaOH \longrightarrow Na_2SO_4 + 2NH_3 + 2H_2O$

▼ ⑤アセチレン C_2H_2　（➡有機化学編 p.86）

　C_2H_2 は H_2O より弱い酸であることから中性と分類されますが、広義の弱酸（➡ p.39）であるため、弱酸遊離反応を利用して作ります。

　　$^-C \equiv C^-$　　　$+$　　　H_2O　$\longrightarrow$　C_2H_2
　比べて弱い酸の塩　　　比べて強い酸　　　比べて弱い酸

(3) 揮発性の酸遊離反応：目的の気体が揮発性の酸のとき

	気体	製法	化学反応式
①※	HCl	塩化ナトリウム + 濃硫酸	$NaCl + H_2SO_4 \longrightarrow NaHSO_4 + HCl$
②※	HF	フッ化カルシウム* + 濃硫酸 (*ホタル石)	$CaF_2 + H_2SO_4 \longrightarrow CaSO_4 + 2HF$

※加熱が必要な製法

▼ ①塩化水素 HCl

HClは揮発性の酸であるため、揮発性の酸遊離反応を利用して作ります。

$$Cl^- + (濃) H_2SO_4 \longrightarrow HCl$$

塩化物イオン Cl^- と濃硫酸から、揮発性の酸である HCl が遊離します（➡ **手を動かして練習してみよう‼** p.46）。

▼ ②フッ化水素 HF

HFは揮発性の酸であるため、揮発性の酸遊離反応を利用して作ります。

$$F^- + (濃) H_2SO_4 \longrightarrow HF$$

フッ化物イオン F^- と濃硫酸から、揮発性の酸である HF が遊離します（➡ **手を動かして練習してみよう‼** p.46）。

(4) 分解反応：目的の気体が (1)〜(3) 以外のとき

	気体	製法	化学反応式
①※	O₂	過酸化水素 + 酸化マンガン(Ⅳ)* (*触媒) 加熱不要	$2H_2O_2 \longrightarrow 2H_2O + O_2$
		塩素酸カリウム + 酸化マンガン(Ⅳ)* (*触媒)	$2KClO_3 \longrightarrow 2KCl + 3O_2$
②※	N₂	亜硝酸アンモニウム	$NH_4NO_2 \longrightarrow N_2 + 2H_2O$
③※	CO	ギ酸 + 濃硫酸* (*触媒)	$HCOOH \longrightarrow CO + H_2O$

※加熱が必要な製法

①〜③は全て p.82 で扱った代表的な分解反応です。

※加熱が必要な製法

加熱が必要な製法は3つに分類できます。

▼ 濃硫酸を使用する製法

濃硫酸を使用する反応は、どんな反応でも加熱が必要になります。

『濃硫酸を使用する』ってくくると、1つずつ暗記しなくていいからラクね。

そうだね。自分で製法を考えることができれば、全く暗記しなくていいね。

SO_2 を作るには…

濃硫酸を酸化剤として使って作ればいい!!

……ということは加熱要だな。

▼ 固体のみを使用する製法

固体のみを使用する反応は進行しにくく、加熱が必要になります。

代表例は、アンモニア NH_3 の製法、塩素酸カリウム $KClO_3$ を使用する酸素 O_2 の製法、N_2 の製法です。

▼ 酸化マンガン(Ⅳ)MnO_2 を酸化剤◎として使用する製法

MnO_2 は弱い酸化剤◎であるため、加熱が必要になります。

塩素 Cl_2 の製法のみが当てはまります。

よく出題されるものとして『濃硫酸を使う場合・アンモニア・塩素!!』って覚えたよ。

手を動かして練習してみよう!!

次の実験室的製法 (1) 〜 (8) で発生する気体の化学式を答えよう。

(1) 炭酸カルシウムに希塩酸を加える

(2) 銅に濃硝酸を加える

(3) ギ酸に濃硫酸を加えて加熱する

(4) 酸化マンガン(Ⅳ)に濃塩酸を加えて加熱する

(5) 硫化鉄(Ⅱ)に希塩酸を加える

(6) 亜硫酸水素ナトリウムに希塩酸を加える

(7) 塩化ナトリウムに濃硫酸を加えて加熱する

(8) 塩化アンモニウムに水酸化カルシウムを加えて加熱する

解:

発生する気体と反応名を記していきます。正解できなかった反応は戻って確認しておきましょうね。

(1) CO_2　弱酸遊離反応　　(2) NO_2　酸化還元反応　　(3) CO　分解反応

(4) Cl_2　酸化還元反応　　(5) H_2S　弱酸遊離反応　(6) SO_2　弱酸遊離反応

(7) HCl　揮発性の酸遊離反応　　(8) NH_3　弱塩基遊離反応

ポイント

気体の製法

・代表的な製法を丸暗記するのではなく、反応を考えてしっかり向き合っておこう

・加熱が必要な製法で頻出のもの
濃硫酸を使用する製法・アンモニアの製法・塩素の製法

②主な気体の性質

よく出題される気体の性質を確認していきましょう。

(1) 水溶性

$$NH_3 \cdot HCl \cdot Cl_2 \cdot CO_2 \cdot NO_2 \cdot SO_2 \cdot H_2S$$

これら以外は水に不溶と考え、捕集方法は水上置換と判断しましょう。

そして、これらのうち、空気（平均分子量 28.8）より軽い NH_3（分子量 17）のみ上方置換、NH_3 以外（全て分子量が 28.8 より大きい）は全て下方置換となります。

$$\underset{\text{上方置換}}{NH_3} \cdot \underset{\text{下方置換}}{HCl \cdot Cl_2 \cdot CO_2 \cdot NO_2 \cdot SO_2 \cdot H_2S} \quad \text{以外は水上置換}$$

また、因果関係はありませんが、上方置換で捕集する NH_3 が塩基性の気体、下方置換で捕集する NH_3 以外の気体が酸性の気体です。

$$\underset{\text{塩基性}}{NH_3} \cdot \underset{\text{酸性}}{HCl \cdot Cl_2 \cdot CO_2 \cdot NO_2 \cdot SO_2 \cdot H_2S}$$

そして、**NH_3 と HCl は「非常によく溶ける」**ため、ヘンリーの法則（➡理論化学編 p.349）が成立しない気体です。

$$\underset{\text{非常によく溶ける}}{NH_3 \cdot HCl} \cdot Cl_2 \cdot CO_2 \cdot NO_2 \cdot SO_2 \cdot H_2S$$

(2) 刺激臭

$$NH_3 \cdot HCl \cdot Cl_2 \cdot NO_2 \cdot SO_2$$

すなわち「(1) 水溶性の気体」から CO_2（無臭）と H_2S（腐卵臭）を除いたもの

(3) 酸化剤◎・還元剤Ⓡ

$$◎ \ O_2 \cdot O_3 \cdot NO_2 \cdot Cl_2$$
$$Ⓡ \ H_2 \cdot CO \cdot H_2S \cdot SO_2$$

酸化剤◎として働く気体のうち、酸素O_2以外は湿ったヨウ化カリウムデンプン紙を青色に変えます。

　　◎ O_2・$\underset{\text{ヨウ化カリウムデンプン紙青変}}{\underline{O_3 \cdot NO_2 \cdot Cl_2}}$

　酸素O_2は酸化力が弱いため、ヨウ化カリウムデンプン紙の変化はありません。

　ヨウ化カリウムデンプン紙が青くなるのって、どうしてなの？

ヨウ化カリウムデンプン紙を湿らせると、ヨウ化物イオンI^-が生じるよ。

$$KI \xrightarrow{\ H_2O\ } K^+ + I^-$$
ここに酸化力をもつ気体が接するとI^-が酸化されてI_2に変化するんだ。

$$I^- \xrightarrow{\ ◎\ O_3\ } I_2$$
生じたI_2とデンプンで、ヨウ素デンプン反応（➡有機化学編 p.214）が起こって青く変わるんだよ。

　還元剤Ⓡとして働く気体のうち、H_2とCOは「高温」の条件がつきます。

　　Ⓡ $\underset{\text{高温で還元力}}{\underline{H_2 \cdot CO}}$・$H_2S$・$SO_2$

　そして、酸化剤◎・還元剤Ⓡとして働く気体のうち、Cl_2とSO_2は漂白作用をもちます。

　　◎ O_2・O_3・NO_2・$\boxed{Cl_2}$ ⎫
　　Ⓡ H_2・CO・H_2S・$\boxed{SO_2}$ ⎭ 漂白作用

(4) 有色

$$Cl_2（黄緑色）・NO_2（赤褐色）・O_3（淡青色）$$

F_2が淡黄色って聞いたことあるわ。

そうだね。
でも、資料集だとCl_2の黄緑色は写真が載ってるのに、
F_2の淡黄色は載ってないね。
それは、F_2は反応性が高すぎて（酸化力が強すぎて）、
特殊容器に入れないと保存できないんだ。
だから、基本的に酸化剤として使わないし、色もあまり問われないんだよ。

//////////////////
ポイント

気体の性質

・水溶性 ⦿←│
$$NH_3・HCl│・Cl_2・CO_2・NO_2・SO_2・H_2S$$

・刺激臭
$$NH_3・HCl・Cl_2・NO_2・SO_2（水溶性の気体－CO_2－H_2S）$$

・酸化剤⦿還元剤Ⓡ

⦿ $O_2・O_3・NO_2・\boxed{Cl_2}$
ヨウ化カリウムデンプン紙青変 ──→ 漂白作用

Ⓡ $\underline{H_2・CO・H_2S}・\boxed{SO_2}$
高温で還元力

・有色
$$Cl_2（黄緑色）・NO_2（赤褐色）・O_3（淡青色）$$

③乾燥剤

　塩化アンモニウム NH_4Cl と水酸化カルシウム $Ca(OH)_2$ からアンモニア NH_3 を作るときのように、水蒸気が同時に発生する反応では、水蒸気を取り除くため、乾燥剤に通じる必要があります。

$$2NH_4Cl + Ca(OH)_2 \longrightarrow CaCl_2 + 2NH_3 + 2H_2O$$

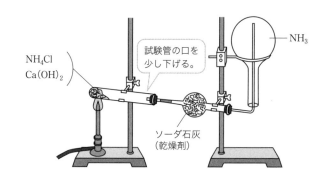

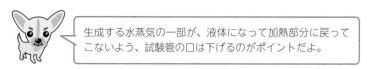

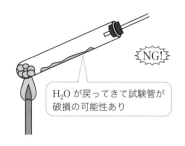

　また、水上置換で捕集する場合は、必ず水蒸気が混合するため、乾燥剤に通じる必要があります。

目的の気体 ＋ 水蒸気

水は常温でも
蒸発してるよ。

水

気体の乾燥に使用する乾燥剤は、「**目的の気体と反応しないもの**」を選びます。
基本的には、中和反応が起こらない組み合わせです。

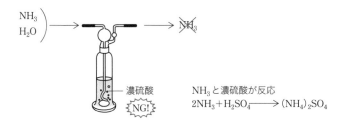

NH_3
H_2O

NH_3

濃硫酸
NG!

NH_3と濃硫酸が反応
$2NH_3 + H_2SO_4 \longrightarrow (NH_4)_2SO_4$

よって、気体と乾燥剤が、酸性と塩基性の組み合わせにならないように選択
します。

では、代表的な乾燥剤と性質を確認しておきましょう。

乾燥剤	濃硫酸 H_2SO_4	十酸化四リン P_4O_{10}	ソーダ石灰 $CaO + NaOH$	塩化カルシウム $CaCl_2$
性質	酸性	酸性	塩基性	中性
不適切な気体	NH_3（塩基性） H_2S[※1]	NH_3（塩基性）	酸性の気体[※2]	NH_3[※3]

※1　酸化還元反応が進行するため（◎H_2SO_4・®H_2S）
※2　水溶性の気体（➡ p.95）からNH_3を除いたもの
※3　$CaCl_2$がNH_3を吸収するため

H_2Sの乾燥剤として濃硫酸がNGなら、SO_2だって
還元剤だから濃硫酸はNGなんじゃないの？

そうだね。酸化還元反応が起こるね。
じゃあ、SO_2とH_2SO_4が何に変わるか思い出してみよう。

SO_2は$SO_4{}^{2-}$、H_2SO_4はSO_2に変わるわ……。
　Ⓡ $SO_2 \longrightarrow SO_4{}^{2-}$
　◎ $H_2SO_4 \longrightarrow SO_2$
あ、結局SO_2が生じるのね！

その通り。

手を動かして練習してみよう!!

次の(1)〜(3)の気体を乾燥させるのに適した乾燥剤を、選択肢から選ぼう。

それぞれ1回しか選択できないものとする。

(1) NH_3　　　(2) H_2S　　　(3) CO_2

乾燥剤　　塩化カルシウム・ソーダ石灰・濃硫酸

解：

(1) NH_3は塩基性の気体であるため、濃硫酸（酸性）は不適。

　　また、塩化カルシウム（中性）はNH_3を吸収するため不適。

　　よって、ソーダ石灰（塩基性）が適切。

(2) H_2Sは酸性の気体であるため、ソーダ石灰は不適。

　　（(1)の解答であるため、どちらにしても不適）

　　また、濃硫酸とは酸化還元反応が進行するため不適。

　　よって 塩化カルシウム が適切。

(3) 残った選択肢は 濃硫酸 であり、CO_2は酸性の気体なので適切。

//////////////////////////

☞ ポイント

乾燥剤の選び方

目的の気体と反応（基本的に中和反応）しない組み合わせを選
ぶ。

中和反応以外

⇒　H_2S と濃硫酸の組み合わせ

（酸化還元反応が進行するため **NG**）

NH_3 と塩化カルシウムの組み合わせ

（塩化カルシウムが NH_3 を吸収するため **NG**）

④代表的な気体の検出

代表的な気体の検出方法を確認しておきましょう。

	気体	検　出　法
①	NH_3	・リトマス紙が青変する ・塩酸を近づけると白煙を生じる
②	NO	・空気に触れると赤褐色に変化する
③	H_2S	・腐卵臭 ・SO_2 と反応し白色沈殿を生じる
④	CO_2	・石灰水に通じると白濁し、さらに通じると透明に変化する
⑤	Cl_2	・リトマス紙を赤変後、脱色する
⑥	SO_2	・過マンガン酸カリウム水溶液が無色に変化する
⑦	HCl	・アンモニア水を近づけると白煙を生じる

①NH_3 は塩基性の気体であるため、リトマス紙が青変します。

また、酸性の塩酸 HCl と反応し白煙を生じます。（逆が⑦ HCl の検出）

$$NH_3 + HCl \longrightarrow NH_4Cl$$

このとき生じる塩化アンモニウムは固体ですが、微粒子であるため、白煙と
なります。

②NO は酸化されやすく、空気と接触すると O_2 と反応し、赤褐色の NO_2 に変
化します。

$$2NO + O_2 \longrightarrow 2NO_2$$

③H_2Sは還元力をもつため、SO_2（このときSO_2は酸化剤）と反応し、硫黄Sの
　白色沈殿を生じます。

$$2H_2S + SO_2 \longrightarrow 3S + 2H_2O$$

硫黄Sの単体って、黄色じゃないの？　化学基礎の同素体で出てきたわ。

このときコロイド状になっていて白色なんだ。溶液が白濁する感じだね。

④CO_2は酸性の気体であり、石灰水中の水酸化カルシウム$Ca(OH)_2$と中和反
　応を起こします。
　このとき生じる塩の炭酸カルシウム$CaCO_3$は沈殿するため、溶液が白濁しま
　す。

$$Ca(OH)_2 + CO_2 \longrightarrow CaCO_3\downarrow + H_2O$$

CO_2はXO型だから形式的にH_2Oを足してH_2CO_3にするんだっ
たね（➡ p.19）。

$$Ca(OH)_2 + \underline{CO_2 + H_2O} \longrightarrow CaCO_3\downarrow + 2H_2O$$
$$\phantom{Ca(OH)_2 + {}}H_2CO_3$$

そして中和のときは形式的に足したH_2Oが両辺で相殺されるよ。

そして、その後もCO_2を吹き込み続けると、水溶性の炭酸水素カルシウム
$Ca(HCO_3)_2$に変化するため、無色に戻ります。

$$CaCO_3 + CO_2 + H_2O \longrightarrow Ca(HCO_3)_2$$

これって、何が起こってるの？

CO_3^{2-} と $H_2O + CO_2$ (H_2CO_3) の間で H^+ の移動が起こっているよ。
同じ炭酸仲間だから、同じ形で存在するのが安定ってイメージだね。

$$CO_3^{2-} \xleftarrow{\quad H^+ \quad} H_2O + CO_2$$
$$(H_2CO_3)$$

$$\downarrow \qquad\qquad \downarrow$$

$$HCO_3^- \qquad\qquad HCO_3^- \quad \text{同じ形が安定}$$

⑤ Cl_2 は酸性の気体であるためリトマス紙が赤変しますが、漂白作用があるため、最終的にリトマス紙は脱色されます。

酸化力をもつから、ヨウ化カリウムデンプン紙は青変するね（⮕p.96）。

⑥ SO_2 は還元力をもつ気体であるため、酸化力の強い過マンガン酸カリウム $KMnO_4$ 水溶液と反応します。それにより、MnO_4^-（赤紫色）は Mn^{2+}（無色）に変化します。

$$\text{⓪}\ \underline{MnO_4^-} + 8H^+ + 5e^- \longrightarrow \underline{Mn^{2+}} + 4H_2O$$

⑦ ⮕①

/////////////////////

📝 ポイント

代表的な気体の検出法

NH_3	・リトマス紙が青変する ・塩酸で白煙	Cl_2	・リトマス紙を赤変後脱色
NO	・空気に触れ赤褐色	SO_2	・過マンガン酸カリウム水溶液が無色
H_2S	・SO_2 で白色沈殿	HCl	・アンモニア水で白煙
CO_2	・石灰水に通じると白濁。さらに通じると透明		

⑤代表的な実験装置

塩素Cl_2や二酸化炭素CO_2の発生実験を通じて、代表的な実験装置を確認しておきましょう。

$\boxed{Cl_2}$ $MnO_2 + 4HCl \longrightarrow MnCl_2 + 2H_2O + Cl_2$

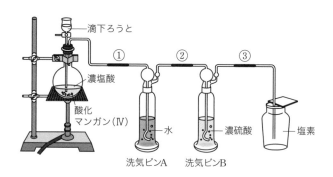

▼ ①通過する気体　⇒　$Cl_2 \cdot HCl \cdot H_2O$

目的の気体であるCl_2と、同時に生成するH_2O。そして揮発性のHClが混入していることを忘れないようにしましょう。

▼ ②通過する気体　⇒　$Cl_2 \cdot H_2O$

洗気ビンAの水にHClが吸収される（HClは水に非常によく溶ける➡p.95）ため、取り除かれます。

Cl_2だって水溶性だよね？

そうそう。でも、このときCl_2は溶解しにくくなってるんだよ。Cl_2は水中で次の平衡状態になってるんだ（➡p.259）。

たくさん吸収される

$$Cl_2 + H_2O \rightleftarrows HCl + HClO$$

平衡左に

HClがたくさん吸収されて上の平衡が左に移動するから、Cl_2は溶解しにくいんだよ。

▼ ③通過する気体　⇒　<u>Cl_2</u>

　洗気ビンBの濃硫酸にH_2Oが吸収される（濃硫酸は乾燥剤➡p.99）ため取り除かれ、目的の気体であるCl_2のみを取り出すことができます。

　Cl_2は水溶性で空気より重いので下方置換で捕集します（➡p.95）。

注意点

洗気ビンA（水）とB（濃硫酸）の順番を逆にしてはいけません。

　水は常温でも蒸発しているため、順番を逆にすると、Cl_2に水蒸気H_2Oが混入します。

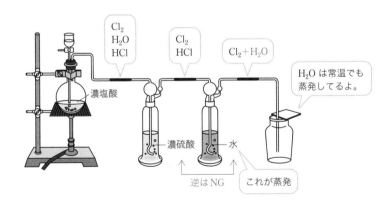

$\boxed{\text{CO}_2}$ $\quad$ $CaCO_3 + 2HCl \longrightarrow CaCl_2 + H_2O + CO_2$

石灰石（固体）と塩酸（液体）の反応のように、加熱不要で固体と液体を反応させるとき、ふたまた試験管や三角フラスコ、キップの装置が使用されます。

ふたまた試験管

（i）くぼみのある方に固体、無い方に液体を入れます。
（ii）試験管を傾け、液体を固体側に入れます。
（iii）目的の量の気体を取り出したら、試験管を逆に傾けて液体を元に戻します。

三角フラスコ

（i）三角フラスコに固体、滴下ろうとに液体を入れます。
（ii）滴下ろうとのコックを開いて、液体を三角フラスコに入れます。

キップの装置

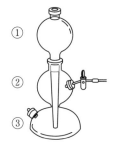

①
②
③

（ⅰ）液体を①に、固体を②に入れます

（ⅱ）コックを開け、中央部の気圧を開放すると液体が③に流れ込み、液面の上昇が始まります。

そして、②の固体に到達し、反応が始まります。

（ⅲ）目的の量の気体が得られたら、コックを閉じます。それにより②部分の内圧が上昇し、塩酸が押し戻されます。

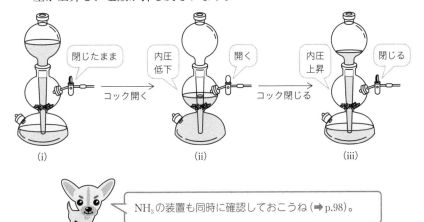

閉じたまま　　　　　内圧低下　　開く　　　　　内圧上昇　　閉じる

コック開く　　　　　　コック閉じる

(i)　　　　　　　　　(ii)　　　　　　　　(iii)

NH_3の装置も同時に確認しておこうね（➡ p.98）。

///////////////////

☞ ポイント

代表的な気体発生実験の装置を確認しておこう

・Cl_2、NH_3の発生実験

・ふたまた試験管、キップの装置の使い方

▶§2 金属の単体の反応

①金属のイオン化傾向

金属の単体が<u>水中で電子e^-を放出し、陽イオンになる性質</u>を**イオン化傾向**といいます。

$$M \longrightarrow M^{n+} + ne^-$$

「e^-を放出する強さ」すなわち「還元剤としての強さ」を表していると考えるといいでしょう。

まずは、イオン化傾向の順番（大きい金属から小さい金属に並べたもの）である、イオン化列を頭に入れましょう。

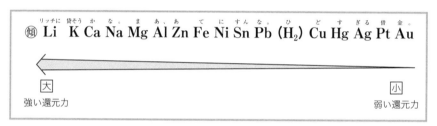

イオン化傾向の異なる金属が存在するとき、<u>イオン化傾向の大きい金属がe^-を放出して陽イオンになり、小さい金属がそのe^-を受け取ります</u>。

$$\underset{\text{大}}{\text{Zn}} + \underset{\text{小}}{\text{Cu}^{2+}} \longrightarrow Zn^{2+} + Cu$$

金属の反応に限らず、化学物質の世界では必ず「強いものが勝つ」のです。

ちなみに、先の反応を別々の場所で起こして電流を取り出す装置がダニエル電池です（➡理論化学編 p.210）。

$$\begin{array}{rl}
\text{負極：} & Zn \longrightarrow Zn^{2+} + 2e^- \\
+) \ \text{正極：} & Cu^{2+} + 2e^- \longrightarrow Cu \\
\hline
\text{全体：} & Zn + Cu^{2+} \longrightarrow Zn^{2+} + Cu
\end{array}$$

金属はみんな陽性だから『e⁻を放出してプラスに帯電するのが人生の喜び』でしょ??

そそ。ゆうこちゃんも薫さんに染まってきたね。

えへ。でも、イオン化エネルギーと何が違うの?

イオン化エネルギーは『気体の原子がe⁻を放出して気体の陽イオンに変化する』ときに吸収するエネルギーのこと。イオン化傾向は水中のイオンの話だから、水和エンタルピーや昇華熱が関係するんだ。

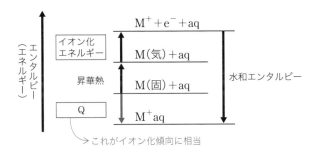

→ これがイオン化傾向に相当

//////////////////////

👉 ポイント

イオン化傾向：金属の単体が水中で陽イオンになる性質

イオン化列　：イオン化傾向の順番（大きい金属〜小さい金属）

Li K Ca Na Mg Al Zn Fe Ni Sn Pb (H₂) Cu Hg Ag Pt Au

イオン化傾向の大きい金属から小さい金属に電子e⁻が移動

②イオン化列と反応

　イオン化傾向が大きい金属ほど「強い還元剤」すなわち「反応しやすい」ということを意識しながら、金属の反応を確認していきましょう。

（1）水H_2Oとの反応（H_2が発生）

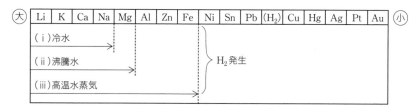

　水の電離度αは非常に小さく（$\alpha = 1.8 \times 10^{-9}$）、酸化剤として働く$H^+$が極めて少ない状態です。すなわち、水は非常に弱い酸化剤なのです。

$$H_2O \rightleftharpoons H^+ + OH^-$$

　よって、水と反応するのは、強い還元剤であるイオン化傾向の大きい金属のみです。
　また、H^+がe^-を受け取ることにより、H_2が発生します。

　このように、水は、H^+が非常に少ない特殊な環境なので、反応の境界線を頭に入れるしかありません。

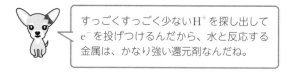

すっごくすっごく少ないH^+を探し出してe^-を投げつけるんだから、水と反応する金属は、かなり強い還元剤なんだね。

そうだね。各境界線は
『冷水リッチに貧そうかな（Li・K・Ca・Na）。
沸騰水入りマグカップ（Mg）の高温水蒸気で手（Fe）までやられた！』
って覚えたよ（前ページ図）。

語呂合わせが長すぎて、語呂合わせを覚える語呂合わせが必要ね……

（ⅰ）冷水と反応　⇒　**イオン化傾向Naまで**

　　冷水（常温の水）と反応するのは、イオン化傾向がトップクラスの金属だけです。

 Naと冷水の反応

$$H_2O \rightleftarrows H^+ + OH^- \quad (\times 2)$$
$$Ⓞ\ 2H^+ + 2e^- \longrightarrow H_2$$
$$+)\ Ⓡ\ Na \longrightarrow Na^+ + e^- \quad (\times 2)$$

$$2Na + 2H_2O \longrightarrow 2NaOH + H_2$$

このくらいの反応式なら、もう、一発で作れるわ。

そうだね。Naがe^-を放出して、H_2O（H^+OH^-）のH^+が受け取るって考えたら一発で書けるね。

$$2Na + 2H_2O \longrightarrow 2NaOH + H_2$$
$$(H^+OH^-)$$
$$e^-$$

（ⅱ）沸騰水と反応　⇒　**イオン化傾向Mgまで**

　　沸騰水にすると反応するのがMgです。

　　よって、全体ではイオン化傾向Mgまでが反応することとなります。

（ⅲ）高温水蒸気と反応　⇒　**イオン化傾向Feまで**

　　高温水蒸気と反応するのはAl〜Feです。

　　よって、全体ではイオン化傾向Feまでが反応することになります。

　　このとき、高温であるため、H_2と共に生じるのは水酸化物XOHではなく

　　酸化物XOです。XOHの脱水が進行するためです。

　　例 Feと高温水蒸気の反応

$$3Fe + 4H_2O \rightleftharpoons Fe_3O_4 + 4H_2$$

XOHじゃなくて
XOであることに注意!!

Fe_3O_4のFeって酸化数が分数になるわ……。

Fe_3O_4のはFeOとFe_2O_3が1:1で混合している状態だよ。
だから、酸化数は +2と +3だね。

(2) 酸HXとの反応

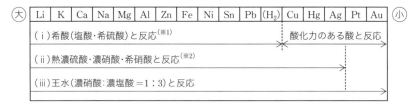

(大)	Li	K	Ca	Na	Mg	Al	Zn	Fe	Ni	Sn	Pb	(H₂)	Cu	Hg	Ag	Pt	Au	(小)
（ⅰ）希酸（塩酸・希硫酸）と反応(※1)													酸化力のある酸と反応					
（ⅱ）熱濃硫酸・濃硝酸・希硝酸と反応(※2)																		
（ⅲ）王水（濃硝酸:濃塩酸＝1:3）と反応																		

　　金属の相手は強酸SAであるため、完全に電離し、充分なH^+が存在します。

完全電離！

$$HX \longrightarrow H^+ + X^-$$

H_2Oと違ってH^+がたくさん!!

よって、「強いものが勝つ」の基本通り、イオン化傾向がH_2より大きい金属はH^+にe^-を投げつけることができます。

（ⅰ）希酸H^+（塩酸・希硫酸）と反応　⇒　**イオン化傾向がH_2より大きい金属**

イオン化傾向がH_2より大きい金属は、H^+と反応することができるため、塩酸や希硫酸のような希酸と反応できます。

例 Feと希酸の反応

$$Fe + 2H^+ \longrightarrow Fe^{2+} + H_2$$

希硫酸H_2SO_4の場合には両辺に$SO_4{}^{2-}$を加えます。

$$Fe + H_2SO_4 \longrightarrow FeSO_4 + H_2$$

※1　注意：Pbは、塩酸と反応すると$PbCl_2$、希硫酸と反応すると$PbSO_4$の沈殿を生成するため、反応はすぐに停止してしまいます。

『反応がすぐに停止』となってたり『反応しない』になってたりするから、問題によって対応することになるよ。

（ⅱ）酸化力の強い酸と反応　⇒　**イオン化傾向がH_2より小さい金属**

イオン化傾向がH_2より小さい金属はH^+と反応することはできません。

$$Cu + 2H^+ \xrightarrow{\quad\times\quad}$$
（傾） 小　　大

自分より強い相手にe^-投げることはできないよ

しかし、酸化力の強い酸なら、金属から無理矢理e^-を奪うため、反応が進行します。

$$\text{Cu} + \text{強い酸化剤} \longrightarrow \text{Cu}^{2+}$$

e^- 無理矢理 e^- 奪うぜー

濃硫酸・濃硝酸・希硝酸と反応 ⇒ **イオン化傾向 Cu～Ag**

使用する酸化剤によって発生する気体が異なります。

例 Cu＋濃硫酸 （反応式の作り方➡p.59, 89）

$$\text{Cu} + 2\text{H}_2\text{SO}_4 \longrightarrow \text{CuSO}_4 + \text{SO}_2 + 2\text{H}_2\text{O}$$

SO_2の製法ね。

Cu＋濃硝酸 （反応式の作り方➡p.59, 60）

$$\text{Cu} + 4\text{HNO}_3 \longrightarrow \text{Cu(NO}_3)_2 + 2\text{NO}_2 + 2\text{H}_2\text{O}$$

NO_2の製法ね。

Cu＋希硝酸 （反応式の作り方➡p.59, 89）

$$3\text{Cu} + 8\text{HNO}_3 \longrightarrow 3\text{Cu(NO}_3)_2 + 2\text{NO} + 4\text{H}_2\text{O}$$

NOの製法ね。酸化還元反応の反応式は、もう余裕で作れるわ。

※2 注意：**Fe・Ni・Alは不動態を形成するため、濃硫酸・濃硝酸に不溶**です。
希硝酸には溶解します。

不動態

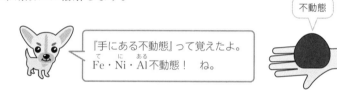

『手にある不動態』って覚えたよ。
Fe・Ni・Al不動態！　ね。

また、イオン化傾向がH_2より大きい金属を濃硫酸・濃硝酸・希硝酸と反応させると、H^+との反応も同時に進行するため、混合気体($H_2 + SO_2 \cdot NO_2 \cdot NO$)が発生します。

よって、気体の製法としては不適です（➡ p.89）。

王水と反応 ➡ **イオン化傾向最小のPt・Au**

王水とは「**濃硝酸と濃塩酸を1:3で混合**したもの」で、非常に酸化力が強い溶液です。

イオン化傾向が非常に小さいPtとAuは、王水でないと反応しません。

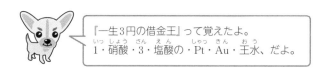

『一生3円の借金王』って覚えたよ。
いっ・しょう・さん・えん・の・しゃっ・きん・おう
1・硝酸・3・塩酸の・Pt・Au・王水、だよ。

(3) 空気 (O_2) との反応

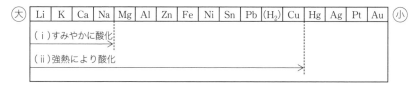

| 大 | Li | K | Ca | Na | Mg | Al | Zn | Fe | Ni | Sn | Pb | (H₂) | Cu | Hg | Ag | Pt | Au | 小 |

（ⅰ）すみやかに酸化
（ⅱ）強熱により酸化

O_2は酸化力の弱い気体であるため、常温で速やかに反応するのはイオン化傾向が大きい金属です。

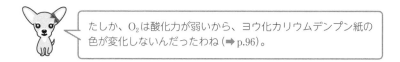

たしか、O_2は酸化力が弱いから、ヨウ化カリウムデンプン紙の色が変化しないんだったわね（➡ p.96）。

金属の単体は酸化され、酸化物XOに変化します。

（ⅰ）常温で速やかに酸化　⇒　**イオン化傾向 Na まで**
（ⅱ）強熱により酸化　⇒　**イオン化傾向 Mg〜Cu**

常温ではゆっくりと時間をかけて酸化されます。

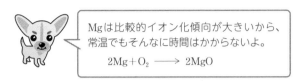

Mgは比較的イオン化傾向が大きいから、常温でもそんなに時間はかからないよ。

$$2Mg + O_2 \longrightarrow 2MgO$$

手を動かして練習してみよう!!

次の金属のうち、(1)〜(3)に当てはまるものをそれぞれ選ぼう。
そして、その金属と下線部の反応を化学反応式で書こう。

    Zn Al Cu K Au Sn

(1) 常温の水と反応する金属

(2) 塩酸とは反応するが、濃硫酸とは反応しない金属

(3) 希酸とは反応しないが、濃硫酸とは反応する金属

解：

　与えられた金属をイオン化列の順に並べると次のようになります。

   K Al Zn Sn Cu Au

(1) 常温の水と反応　⇒　イオン化傾向Naまで

     Na
   K $\big|$ Al Zn Sn Cu Au

　よって、適切な金属はカリウム $\boxed{K}$ です。

　そして、常温の水との反応式はNaとの反応と同じです（➡ p.111）。

   $2K + 2H_2O \longrightarrow 2KOH + H_2$

(2) 塩酸（希酸）と反応

   ⇒　イオン化傾向がH_2より大きい（ただしPbはすぐに反応停止）

$$\overset{\text{H}_2}{\text{K \ Al \ Zn \ Sn} \mid \text{Cu \ Au}}$$

かつ濃硫酸と反応しない　⇒　Fe・Ni・Al（➡ 手にある不動態）

K　Al　Zn　Sn　Cu　Au

よって、適切な金属はアルミニウム Al です。

そして、塩酸との反応式はFeと希硫酸の反応と同じです（➡ p.113）。

$$2Al+6HCl \longrightarrow 2AlCl_3+3H_2$$

(3) 希硫酸と反応しない　⇒　イオン化傾向がH_2より小さい

$$\overset{\text{H}_2}{\text{K \ Al \ Zn \ Sn} \mid \text{Cu \ Au}}$$

濃硫酸と反応　⇒　イオン化傾向Agまで

$$\overset{\text{Ag}}{\text{K \ Al \ Zn \ Sn \ Cu} \mid \text{Au}}$$

よって、適切な金属は銅 Cu です。

そして、濃硫酸との反応式はSO_2の製法で扱ったものと同じです（➡ p.89）。

$$Cu+2H_2SO_4 \longrightarrow CuSO_4+SO_2+2H_2O$$

🖝 ポイント

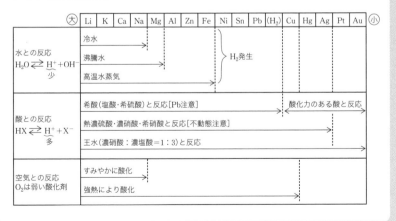

イオン化列と反応

| | 灰 | Li | K | Ca | Na | Mg | Al | Zn | Fe | Ni | Sn | Pb | (H₂) | Cu | Hg | Ag | Pt | Au | 小 |

水との反応 $H_2O \rightleftarrows H^+ + OH^-$ 少

酸との反応 $HX \rightleftarrows H^+ + X^-$ 多

空気との反応 O_2は弱い酸化剤

③両性金属　Al・Zn・Sn・Pb

両性金属の単体は「**酸とも強塩基とも反応してH_2が発生**」します。

両性金属の酸化物 XO や水酸化物 XOH の反応は各論で登場するよ（➡ p.184）。

(1) 酸との反応

両性金属はすべて、イオン化傾向がH_2より大きいため塩酸や希硫酸と反応します（➡ p.112）。

Pb は注意が必要だったわね。

例 Al と希酸H^+の反応

$$2Al + 6H^+ \longrightarrow 2Al^{3+} + 3H_2$$

希酸が塩酸の場合には、両辺に$Cl^- \times 6$を加えましょう。

$$2Al + 6HCl \longrightarrow 2AlCl_3 + 3H_2$$

(2) 強塩基との反応

両性金属はOH^-と錯イオンを形成するため（➡ p.72）、強塩基 SB に溶解します。

反応式は一見難しく感じますが、一度しっかり向き合っておけば、一発で作ることができるようになります。ゆっくり確認していきましょう。

例 Al ＋ 水酸化ナトリウム NaOH 水溶液

まず、Al の反応相手は NaOH ではないことを確認しましょう。

Na の方がイオン化傾向が大きいため、Al とNa^+は反応しません。

$$Al + Na^+ \longrightarrow \times$$

傾　　小　　大

そして、AlはOH⁻とも反応しません。

$$Al + OH^- \longrightarrow \times$$

OH⁻と反応するのはAlじゃなくてAl³⁺だよ。
沈殿生成反応だね。

Alと反応しているのはNaOH水溶液中のH_2O(H^+OH^-)です。
H_2OのH^+と反応しているのです。そのため、反応式のベースは「(1)酸
との反応」と同じになります。

$$2Al + 6H^+ \longrightarrow 2Al^{3+} + 3H_2 \quad \cdots\cdots(\text{i})$$

H_2Oから！

そして、生じたAl^{3+}がH_2OのOH^-と反応し、$Al(OH)_3$の沈殿を生じま
す。

$$Al^{3+} + 3OH^- \longrightarrow Al(OH)_3 \quad \cdots\cdots(\text{ii})$$

H_2Oから！

だからAlは冷水と反応しないんだよ。水中で
すぐにAl(OH)₃で覆われてしまうんだ。

これにより生じた$Al(OH)_3$が、NaOHのOH^-と錯イオン$[Al(OH)_4]^-$
を形成します。

$$Al(OH)_3 + OH^- \longrightarrow [Al(OH)_4]^- \quad \cdots\cdots(\text{iii})$$

NaOHから！

以上の式をまとめましょう。

$(\text{i}) + (\text{ii}) \times 2 + (\text{iii}) \times 2$より

$$2Al+6H^+ +8OH^- \longrightarrow 2[Al(OH)_4]^- +3H_2$$

左辺の $6H^+$ と $6OH^-$ をまとめて $6H_2O$ にし、両辺に $Na^+ \times 2$ を加えましょう。

$$2Al+6H_2O+2NaOH \longrightarrow 2Na[Al(OH)_4]+3H_2$$

基本は「酸 H^+ との反応と同じ $2Al+6H^+ \longrightarrow 2Al^{3+}+3H_2$」で、$H^+$ を H_2O が出すため、H_2O の係数が6になります。

残りの OH^- を $NaOH$ が出し、錯イオン $[Al(OH)_4]^-$ になることを考えると、一発で作れるようになります。

何が起こっているのかを思い出しながら、手を動かして書く練習をしておきましょう。

手を動かして練習してみよう!!

次の反応を化学反応式で書いてみよう。
(1) アルミニウム + 塩酸
(2) アルミニウム + 水酸化ナトリウム水溶液

解：

(1) $2Al+6HCl \longrightarrow 2AlCl_3+3H_2$

(2) $2Al+6H_2O+2NaOH \longrightarrow 2Na[Al(OH)_4]+3H_2$

📖 ポイント

両性金属の単体

酸とも強塩基とも反応して H_2 が発生

Al で化学反応式を書く練習をしておこう。

$$2Al+6HCl \longrightarrow 2AlCl_3+3H_2$$
$$2Al+6H_2O+2NaOH \longrightarrow 2Na[Al(OH)_4]+3H_2$$

§3 イオンの検出

①金属イオンの検出（系統分析）

今、3種類の金属イオン Zn^{2+}・Al^{3+}・Fe^{3+} を含む水溶液があります。

これらイオンを分離します。「イオンのまま」「錯イオン」「沈殿」のいずれでも構いません。

どのような試薬を、どのような順番で加えるといいか、考えてみてください。

(1) アンモニア水を十分に加えます

⇒ Zn^{2+} は NH_3 と錯イオンを形成するため溶解しますが、Al^{3+} と Fe^{3+} は水酸化物として沈殿します。

その後、ろ過により Zn^{2+} を $[Zn(NH_3)_4]^{2+}$ として分離することができます。

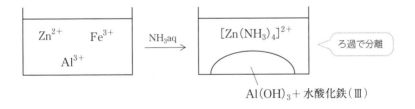

(2) 水酸化ナトリウム水溶液を十分に加えます

⇒ Al^{3+} は OH^- と錯イオンを形成するため、$Al(OH)_3$ は溶解しますが、$Fe(OH)_3$ は溶解しません。

この後、ろ過により Al^{3+} を $[Al(OH)_4]^-$、Fe^{3+} を水酸化鉄（Ⅲ）として分離することができます。

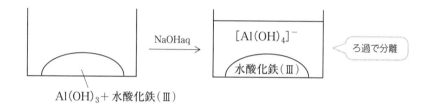

（1）と（2）の順番を逆にすると、3種類を分離することはできません。

　含まれているイオンがたった3つで正体もわかっているのに、分離するための試薬と順番を考えると、なかなか難しいですよね。

　実際には、河川水や、正体不明の合金を硝酸に溶かした溶液など、どんなイオンが何種類含まれているかわからない状態で分離し、含まれていたイオンを特定するのです。

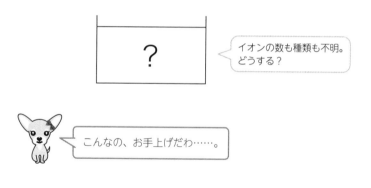

　正体不明のイオンが複数含まれている溶液から、それらを分離し、特定することができるスペシャルな方法が**系統分析**です。

　系統分析は、先述の例のように「沈殿させる」と「再溶解させる」の繰り返しなので、沈殿する組み合わせ、再溶解する組み合わせを思い出しながら確認していきましょう。

▼【系統分析】

(1) 塩酸 HClaq を加える ⇒ Pb^{2+}・Ag^+ が沈殿

沈殿

$PbCl_2$（白）・$AgCl$（白）────→ 色では判断できないため再溶解で判断

再溶解

・**熱水を加える** $PbCl_2$ は比較的溶解度が大きいため熱水には溶解

$PbCl_2$ $\xrightarrow{熱水}$ 溶解（Pb^{2+}）

$AgCl$ 　　　溶解しない

・**アンモニア水を加える** $AgCl$ は錯イオンとなり溶解

$PbCl_2$ $\xrightarrow{NH_3aq}$ 溶解しない

$AgCl$ 　　　溶解（$[Ag(NH_3)_2]^+$）

アンモニア水以外に、チオ硫酸ナトリウム水溶液やシアン化カリウム水溶液でも可能。

$PbCl_2$ $\xrightarrow{Na_2S_2O_3aq・KCNaq}$ 溶解しない

$AgCl$ 　　　溶解（$[Ag(S_2O_3)_2]^{3-}$・$[Ag(CN)_2]^-$）

・**光をあてる** 感光性をもつ $AgCl$ は黒変（再溶解ではありません）

$PbCl_2$ $\xrightarrow{光}$ 変化なし

$AgCl$ 　　　黒変

(2) 硫化水素 H_2S を吸収させる（(1) の塩酸により酸性条件下）

⇒ イオン化傾向 Sn 以下のイオンが沈殿（Cu^{2+}・Cd^{2+}）

沈殿

CuS（黒）・CdS（黄） → 硫化物で黄色は CdS のみであるため特定可能

しかし、黒色の硫化物は多いため、CuS は再溶解で確認

（多くの入試問題ではこの段階で沈殿する陽イオンが Cu^{2+}（と Cd^{2+}）のみ※）

・**希硝酸を加える**　CuSは溶解後の溶液が青色

$$CuS \xrightarrow{\text{HNO}_3\text{aq}} Cu^{2+}（青）$$

（※応用）

　入試問題の多くは、この段階で沈殿する陽イオンがCu^{2+}（とCd^{2+}）のみのため、再溶解はありませんが、難易度の高い問題はCuS以外の黒色沈殿を問います。

　それは、PbSです。

　Pb^{2+}は「(1)塩酸を加える」で$PbCl_2$として沈殿していますが、$PbCl_2$は比較的溶解度が高いため、少量のPb^{2+}が溶液中に残るのです。

　そのため、この段階でPbSとして析出します。

こんなの、気付く自信ないわ……。

まず、ここでPbSが沈殿する設定の問題は少ないよ。
出題されても、問題文中に『$PbCl_2$は比較的溶解度が大きい』ことをアピールしてくれたり、Cd^{2+}がないのに『沈殿2種』と書いてあったりするんだ。
そのとき思い出せるくらいに復習しておきたいね。

後処理

　溶液中にFe^{3+}が存在するとき、H_2Sの還元力によってFe^{2+}に変化します。

　よってFe^{2+}をFe^{3+}に戻すための後処理をおこないます。

（ⅰ）**煮沸**　⇒　水溶液中のH_2Sを取り除くため

　　気体の溶解度は、温度が上昇すると小さくなります（➡理論化学編p.347）。

　　ここでは、煮沸することで水溶液中のH_2Sを完全に取り除いています。

（ⅱ）**硝酸を加える** ⇒ <u>Fe^{2+} を酸化して Fe^{3+} に戻すため</u>

　　硝酸の酸化力を利用して、Fe^{2+} を Fe^{3+} に戻します。

> 最初から Fe^{2+} っていう可能性はないの？

> 系統分析の問題は、基本的に Fe^{3+} だよ。
> 水には必ず空気中の酸素が溶解していて（溶存酸素）、
> Fe^{2+} は酸化されて Fe^{3+} になってるんだ。
> 例えば河川水なんかもそうだね。

> そっか。だから入試問題も系統分析は Fe^{3+} で出題されるのね。
> じゃあ。Fe^{2+} のまま実験を進める選択肢はないの？
> どうして Fe^{3+} に戻す必要があるの？

> 次の段階で、Fe イオンを確実に沈めるためだよ。
> Fe^{3+} は弱い塩基性でも完全に沈殿するんだ。
> Al^{3+} もそう。水酸化鉄（Ⅲ）と $Al(OH)_3$ は溶解度
> 積（➡理論化学編 p.344）がとても小さいんだ。
> だから Fe^{3+} に戻すんだよ。

(3) アンモニア水 NH_3aq を加える

　　⇒ <u>**アルカリ金属・土類（Ca 族）・~~Cu^{2+}~~・~~Ag^+~~・Zn^{2+} 以外のイオンが沈殿**</u>
　　　　<u>**（Al^{3+}・Fe^{3+}）**</u>

　　アルカリ金属と土類（Ca 族）のイオンは塩基性にしても沈殿しません（➡
p.64）。

　　そして、Cu^{2+}・Ag^+・Zn^{2+} は NH_3 と錯イオンを形成する（➡p.72）ため沈殿
しません。

　　（（2）までで Cu^{2+}・Ag^+ はすでに沈殿しているため、この段階で存在するこ
とはありません。）

　　この段階で沈殿するのは、かなりの確率で、Al^{3+} と Fe^{3+} です。

沈殿

$Al(OH)_3$（白）・水酸化鉄（Ⅲ）（赤褐）　→　この2つのみになると思われる
ため、色で特定可能

再溶解

・**水酸化ナトリウム水溶液を加える**　$Al(OH)_3$は錯イオンを形成するため
溶解

$Al(OH)_3$　$\xrightarrow{\text{NaOHaq}}$　溶解（$[Al(OH)_4]^-$）

水酸化鉄（Ⅲ）　溶解しない

色で特定できるけど、$Al(OH)_3$の再溶解は問題によく登場するよ。

参考

ここで加えるNH_3aqはpH≒8の弱い弱い塩基性のものです。

このくらい弱い塩基性でも沈殿するのは、溶解度積K_{sp}が非常に小さい
$Al(OH)_3$と水酸化鉄（Ⅲ）なのです（$K_{sp}=10^{-32～-35}$）。

また、pH≒8に保つため、NH_3+NH_4Clの緩衝溶液（➡理論化学編p.326）に
なっている問題もあります。

(4) 硫化水素H_2Sを吸収させる（(3)のアンモニアにより塩基性条件下）

　⇒　**イオン化傾向Zn～Niのイオンが沈殿（$\underline{Zn^{2+}}$）**

沈殿

ZnS（白）　→　硫化物で白色はZnSのみであるため特定可能

(5) 炭酸アンモニウム水溶液 $(NH_4)_2CO_3aq$ を加える

⇒ **土類（Ca族）イオンが沈殿**

沈殿

全て白 → 炭酸塩は全て白

（基本的に、問題中の土類（Ca族）は1種類のため、すぐに特定可能）

この段階で Mg^{2+} は沈殿しないの？

$(NH_4)_2CO_3$ を使っていると沈殿しないんだよ。
$(NH_4)_2CO_3$ は水中で次のような平衡になっていて、CO_3^{2-} が少ないんだ。
$$(NH_4)_2CO_3 \longrightarrow NH_4^+ + CO_3^{2-} \rightleftharpoons NH_3 + HCO_3^-$$
$MgCO_3$ は比較的溶解度が大きいから、この条件だと沈殿しないんだね。
実際には Mg^{2+} は専用の試薬で検出するから、入試問題の系統分析では Mg^{2+} が含まれることはほとんどないよ。

(6) 炎色反応 ⇒ 溶液中に残るアルカリ金属イオンを検出

炎色反応の色

リアカー	無き	K村	動力	借りようと するもくれない	馬力	でいこう
Li	**Na**	**K**	**Cu**	**Ca**	**Sr**	**Ba**
赤	黄	赤紫	青緑	橙	紅	黄緑

（(5)同様、基本的に、問題中のアルカリ金属は1種類です。）

（炎色反応の実験➡ p.167）

系統図

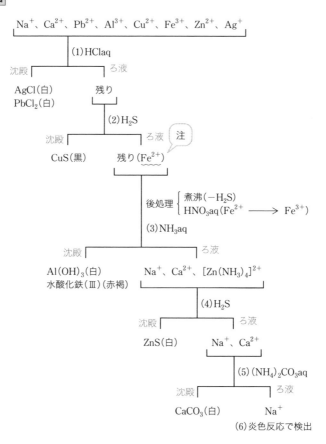

Na⁺、Ca²⁺、Pb²⁺、Al³⁺、Cu²⁺、Fe³⁺、Zn²⁺、Ag⁺

(1) HClaq

沈殿 — ろ液

AgCl(白)   残り
PbCl₂(白)

(2) H₂S

沈殿 — ろ液   注

CuS(黒)   残り(Fe^{2+})

後処理 { 煮沸($-H_2S$)
        HNO₃aq($Fe^{2+} \longrightarrow Fe^{3+}$) }

(3) NH₃aq

沈殿 — ろ液

Al(OH)₃(白)   Na⁺、Ca²⁺、$[Zn(NH_3)_4]^{2+}$
水酸化鉄(Ⅲ)(赤褐)

(4) H₂S

沈殿 — ろ液

ZnS(白)   Na⁺、Ca²⁺

(5) (NH₄)₂CO₃aq

沈殿 — ろ液

CaCO₃(白)   Na⁺

(6) 炎色反応で検出

手を動かして練習してみよう!!

Ca^{2+}・Zn^{2+}・Fe^{3+}・Pb^{2+}・Cu^{2+}・Ag^+ のうち5種類を含む水溶液がある。下図に示した操作により、これらのイオンを分離した。沈殿A～Eとして適切な化学式（沈殿Cは化合物名）と色を答えよう。

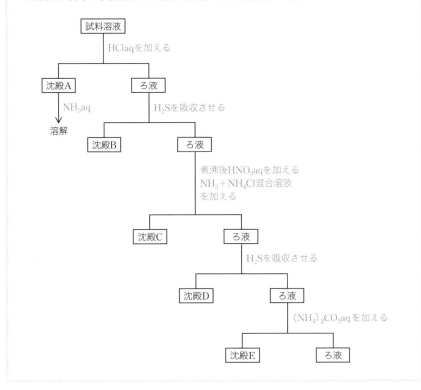

解：

　系統図は次のようになります。

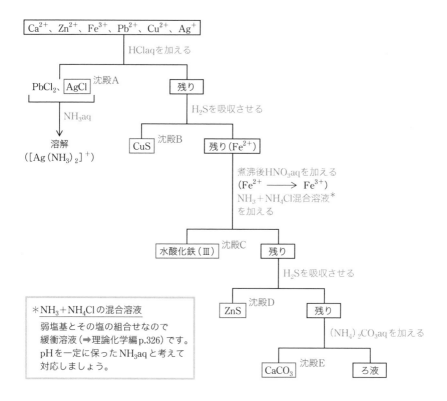

以上より、

沈殿A：AgCl	沈殿B：CuS	沈殿C：水酸化鉄(Ⅲ)
沈殿D：ZnS	沈殿E：CaCO₃	

🔖 ポイント

系統分析 (代表的なイオンで確認)

(1) HClaq ⇒ Pb^{2+}・Ag^+ が沈殿

(2) H_2S(酸性下) ⇒ Cu^{2+} が沈殿　　<u>後処理必要</u>

(3) NH_3aq ⇒ Al^{3+}・Fe^{3+} が沈殿

(4) H_2S(塩基性下) ⇒ Zn^{2+} が沈殿

(5) $(NH_4)_2CO_3aq$ ⇒ Ca^{2+}・Ba^{2+} が沈殿

(6) 炎色反応 ⇒ アルカリ金属を特定

②応用：非金属イオンの検出

　金属イオンの検出同様、沈殿生成を利用するため、沈殿生成の組み合わせがきちんと頭に入っていれば、基本的に困ることはありません。

　しかし、陰イオンの検出のみに登場する組み合わせやポイントがあるため、確認していきましょう。

(1) ハロゲン化物イオン

　陰イオンの検出の問題では、ハロゲン化物イオンが複数存在することが多いです。

　それらをどのように区別するのか、確認していきましょう。

F^-　　　　　　沈殿しない

Cl^-　$\xrightarrow{Ag^+}$　$AgCl\downarrow$ (**白**)　⇒　**NH_3aq に溶解** ($[Ag(NH_3)_2]^+$)

Br^-　　　　　$AgBr\downarrow$ (**淡黄**)　$\Big\rangle$　NH_3aq に溶解しない

I^-　　　　　　$AgI\downarrow$ (**黄**)　　**$KCNaq$、$Na_2S_2O_3aq$ に溶解**

　　　　　　　　　　　　　　　　　　　($[Ag(CN)_2]^-$・$[Ag(S_2O_3)_2]^{3-}$)

　フッ化物イオン F^- 以外は銀イオン Ag^+ と沈殿を生成します。その沈殿の色が区別する判断材料です。

また、沈殿のうちNH₃aqに溶解するのはAgClのみで、それ以外の沈殿はKCNaqやNa₂S₂O₃aqでなくては溶解しません（AgBrはNH₃aqに少量だけ溶解）。

(2) 多価の陰イオン

複数の2価の陰イオンを与えられ、それを区別することになります。代表的なものを確認していきましょう。

硫酸イオン SO_4^{2-} 　　　　　　　 $BaSO_4 \downarrow$（白）
シュウ酸イオン $C_2O_4^{2-}$ 　$\xrightarrow{Ba^{2+}}$ 　$BaC_2O_4 \downarrow$（白）
炭酸イオン CO_3^{2-} 　　　　　　 $BaCO_3 \downarrow$（白）
クロム酸イオン CrO_4^{2-} 　　　　 $BaCrO_4 \downarrow$（黄）

バリウムイオン Ba^{2+} を加えると全て沈殿を生成します。$BaCrO_4$ 以外全て白であるため、色での判断はできません。

これら沈殿に塩酸を加えたときの変化から区別していきます。

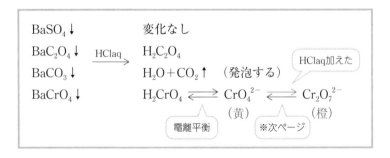

・$BaSO_4$ ⇒ 　強酸由来の塩であるため、強酸を加えても溶解しない
・BaC_2O_4 ⇒ 　弱酸由来の塩であるため、弱酸遊離反応によりシュウ酸 $H_2C_2O_4$ が遊離（ただ溶解する）
・$BaCO_3$ ⇒ 　弱酸由来の塩であるため、弱酸遊離反応により炭酸 H_2O+CO_2 が遊離（発泡しながら溶解）

・$BaCrO_4$　⇒　弱酸由来の塩であるため、弱酸遊離反応によりクロム酸

　　　　　　　　H_2CrO_4が遊離（溶解後の溶液が色づく）

※このとき、下線部溶液中に存在するイオンはCrO_4^{2-}（黄）ではありません。
　CrO_4^{2-}は酸性にすると二クロム酸イオン$Cr_2O_7^{2-}$（橙）に変化します。

　　　$2CrO_4^{2-}+2H^+ \rightleftharpoons Cr_2O_7^{2-}+H_2O$

　今、沈殿を溶解させるために塩酸を加えたため酸性条件であり、CrO_4^{2-}ではなく$Cr_2O_7^{2-}$に変化しています。

どうして酸性にすると違うイオンになるの？

まず、酸性にすると弱酸遊離が進行するよ。

$$^-O-Cr-O^- \quad ^-O-Cr-O^- \quad \xrightarrow{H^+} \quad ^-O-Cr-OH \quad HO-Cr-O^-$$

CrO_4^{2-}

そして、脱水が進行して$Cr_2O_7^{2-}$に変化するんだよ。

$$^-O-Cr-OH \quad HO-Cr-O^- \quad \xrightarrow{-H_2O} \quad ^-O-Cr-O-Cr-O^-$$

$Cr_2O_7^{2-}$

---

§4　工業的製法

　無機化合物を工業的に大量生産するとき、安全性やコストなどを考え、実験室では起こせない反応も利用します。

　その方法は、素人がその場で思いつくようなものではないため、きちんと勉強しておかなくてはいけません。

　代表的な化合物の工業的製法は、流れを頭に入れ、ポイントをしっかり押さえておきましょう。

コスト削減はどうすればいいの？

例えば再利用だね。副産物を再利用することでコスト削減するんだ。

① Na_2CO_3　アンモニアソーダ法

炭酸ナトリウム Na_2CO_3 は、ガラスの製造原料に使用される重要な物質の1つです。

自然界に存在している食塩 $NaCl$ と石灰石 $CaCO_3$ を原料に、次の化学変化を利用して作ります。

これを**アンモニアソーダ法**といいます。

$$2NaCl + CaCO_3 \longrightarrow Na_2CO_3 + CaCl_2 \quad \cdots\cdots ※$$

しかし、$NaCl$ と $CaCO_3$ は直接反応しないため、※式の反応を進行させることはできません。

よって、以下に示すような経路（遠回り）で、この反応を進行させていきます。

どうして※式は進行しないの？

もし進行するなら何反応？

中和、弱酸遊離、揮発性の酸遊離、酸化還元、
沈殿生成、錯イオン形成、分解……
どれにも当てはまらないわ。

そうだよね。反応名が答えられない反応は、原動力がないから進行しないよ。

逆反応（$Na_2CO_3+CaCl_2 \longrightarrow 2NaCl+CaCO_3$）は進行するよ。何反応？

CaCO$_3$が沈殿！ 沈殿生成反応!!
反応名答えられたの、嬉しい！

(1) NaCl飽和水溶液にアンモニア NH_3 を吸収させた後、二酸化炭素 CO_2 を吸収させると、炭酸水素ナトリウム $NaHCO_3$ が析出。（副産物の NH_4Cl は (5) へ）

$$NaCl+H_2O+NH_3+CO_2 \longrightarrow NaHCO_3+NH_4Cl$$

(2) (1) で得られた $NaHCO_3$ を加熱すると、熱分解により Na_2CO_3 が生じる。
（このとき生じた CO_2 は (1) へ再利用）

$$2NaHCO_3 \longrightarrow Na_2CO_3+H_2O+CO_2$$

(3) $CaCO_3$ を加熱すると、熱分解により CaO と CO_2（➡ (1) へ再利用）が生じる。

$$CaCO_3 \longrightarrow CaO+CO_2$$

(4) (3) で得られた CaO を水に溶解させ、$Ca(OH)_2$ にする。

$$CaO+H_2O \longrightarrow Ca(OH)_2$$

(5) (4) で得られた $Ca(OH)_2$ と (1) で生じた NH_4Cl から NH_3（➡ (1) へ再利用）を取り出す。

$$Ca(OH)_2+2NH_4Cl \longrightarrow 2NH_3+2H_2O+CaCl_2$$

(1) $\times 2+$ (2) $+$ (3) $+$ (4) $+$ (5) より

$$2NaCl+CaCO_3 \longrightarrow Na_2CO_3+CaCl_2$$

それでは、各段階をしっかり確認していきましょう。

▼ (1)

基本的にアルカリ金属イオンは沈殿しない（➡ p.63）ため、$NaHCO_3$ を沈殿させるには、Na^+ と HCO_3^- を相当量準備する必要があります。しかし、CO_2 の通常の溶解量では、十分な量の HCO_3^- が生じません。

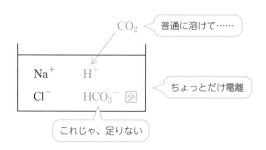

ここで、NH_3 を利用するのがポイントです。

$NaCl$ 飽和水溶液に、まず溶解度が非常に大きい（➡ p.95）NH_3 を吸収させます。

これにより溶液が塩基性になるため、酸性の CO_2 が溶解しやすくなり、HCO_3^- が十分量生じます。

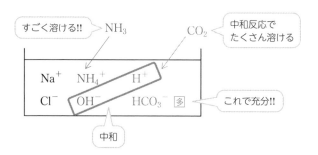

これにより、**比較的溶解度の小さい $NaHCO_3$ が析出**するのです。

参考 ··

塩の溶解度 (g/H₂O100g)

$NaHCO_3$	9.4
NH_4Cl	37.5
$NaCl$	35.9
Na_2CO_3	22.5
NH_4HCO_3	19.9

考えられる塩のうち、$NaHCO_3$ の溶解度が一番小さいんだよ。

··

▼ (2)

$NaHCO_3$ の熱分解です。生じた CO_2 を (1) に再利用します。

HCO_3^- の間で H^+ の移動が起こります。

$$HCO_3^- + HCO_3^- \longrightarrow CO_3^{2-} + H_2O + CO_2$$

H⁺

また、**常温では逆反応が進行**します。

$$Na_2CO_3 + H_2O + CO_2 \longrightarrow 2NaHCO_3$$

これは、CO_2 の検出法 (➡ p.102) である「石灰水に CO_2 を吹き込むと白濁するが、吹き込み続けると無色に戻る」の後半部分と全く同じです。

$$CaCO_3 + CO_2 + H_2O \longrightarrow Ca(HCO_3)_2$$

▼ (3)

$CaCO_3$ の熱分解 (➡ p.82) です。生じた CO_2 を (1) に再利用します。

この反応は、鉄の工業的製法 (➡ p.156) でも登場します。

▼ (4)

「酸化物 XO は、水と出会うと水酸化物 XOH に変化する (➡ p.19)」です。

▼ (5)

弱塩基遊離反応を利用した NH_3 の製法 (➡ p.91) です。生じた NH_3 を (1) に再利用します。

【再利用について】

(1) で必要な NH_3 と CO_2 は (2)・(3)・(5) から生じるものを再利用します。

よって、(1)〜(5) の式をまとめると、NH_3 と CO_2 は式から消えます。

結局、遠回りですが、$NaCl$ と $CaCO_3$ から Na_2CO_3 を作っているのです。

ポイント

Na_2CO_3 の工業的製法：アンモニアソーダ法

以下のポイントを押さえたうえで、流れを確認しておこう。

・$NaCl$ と $CaCO_3$ から Na_2CO_3 をつくる（その他は再利用）

・CO_2 の前に NH_3 を吸収させる

・比較的溶解度の小さい $NaHCO_3$ が析出する

$$NaCl \text{飽和aq} \xrightarrow{NH_3+CO_2} \underset{+}{NaHCO_3} \xrightarrow{\text{熱}} \underset{+}{Na_2CO_3}$$

$$NH_4Cl \longrightarrow \underset{\substack{H_2O+CO_2 \\ \text{再利用}}}{}$$

$$\longrightarrow \underset{\text{再利用}}{NH_3}$$

$$CaCO_3 \xrightarrow{\text{熱}} \underset{+}{CaO} \xrightarrow{H_2O} Ca(OH)_2$$

$$\underset{\text{再利用}}{CO_2}$$

---

② NaOH 塩化ナトリウム水溶液の電気分解

工業的に純度の高い水酸化ナトリウム $NaOH$ を得る方法は、陽極に炭素C、陰極に鉄Feを用い、両極間を陽イオン交換膜で仕切って食塩水 $NaClaq$ を電気分解します。

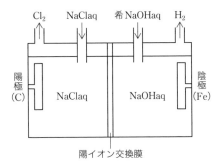

Cl_2 $\quad$ NaClaq $\quad$ 希NaOHaq $\quad$ H_2

陽極 (C) $\qquad$ NaClaq $\qquad$ NaOHaq $\qquad$ 陰極 (Fe)

陽イオン交換膜

電気分解の各極の反応式の作り方 (➡ 理論化学編 p.220) に従って、反応式を書いてみましょう。

$$(+)\ 2Cl^- \longrightarrow Cl_2 + 2e^-$$

$$(-)\ 2H_2O + 2e^- \longrightarrow H_2 + 2OH^-$$

陰極で反応するのは H_2O でしょ？
だったら、純水でいいんじゃないかしら？
NaOH を加える意味を忘れちゃったわ。

そうだね。
ゆうこちゃん、H_2O の電離度ってどのくらいだったか覚えてる？

すっごく小さいんでしょ。ほとんど電離してない……あっ。
イオンが少なすぎるから電流が流れにくいんだ‼

そそ。そういうこと。
だから、電解質の NaOH を少しだけ加えておくんだ。希 NaOHaq ね。

陽イオン交換膜

陽イオンのみが通過できる膜です。

膜が負に帯電しているため、陰イオンは通過できません。

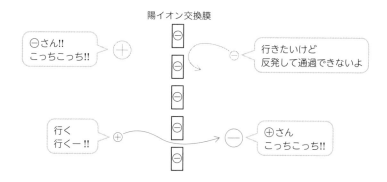

では、今回の製法で確認してみましょう。

陽極 Cl^- が反応により減少するため Na^+ が過剰

陰極 電気分解により OH^- が生成

よって、陰極側の負電荷（OH^-）に陽極側の Na^+ が引っ張られて移動します。

これにより、陰極側で NaOHaq の出来上がりです。これを濃縮すると NaOH です。

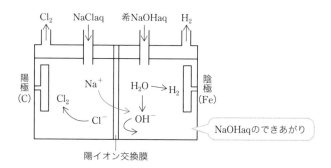

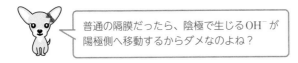

普通の隔膜だったら、陰極で生じるOH⁻が
陽極側へ移動するからダメなのよね？

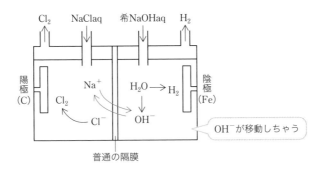

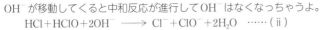

普通の隔膜

OH⁻が移動しちゃう

そうだね。陽極で生じる Cl_2 は水中で次のように $HClO$ と HCl になってい
るよ (p.259)。

$$Cl_2 + H_2O \rightleftharpoons HCl + HClO \quad \cdots\cdots (i)$$

OH⁻ が移動してくると中和反応が進行して OH⁻ はなくなっちゃうよ。

$$HCl + HClO + 2OH^- \longrightarrow Cl^- + ClO^- + 2H_2O \quad \cdots\cdots (ii)$$

(i) + (ii) より

$$Cl_2 + 2OH^- \longrightarrow Cl^- + ClO^- + H_2O$$

NaOH の工業的製法：NaClaq の電気分解

以下のポイントを押さえて電解の図を確認しておこう。

・陽イオン交換膜を使用する

（陽極側から陰極側へ Na^+ が移動）

・陰極側に希 NaOHaq を使用する

（電流を流しやすくするため）

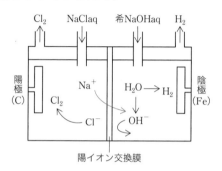

$$(+)\ 2Cl^- \longrightarrow Cl_2 + 2e^-$$
$$(-)\ 2H_2O + 2e^- \longrightarrow H_2 + 2OH^-$$

③ HNO_3　**オストワルト法**

アンモニア NH_3 を原料に硝酸 HNO_3 をつくるのが、**オストワルト法**です。

$$NH_3 + 2O_2 \longrightarrow HNO_3 + H_2O$$

この反応は次の 3 段階で進めていきます。

(1) Pt 触媒存在下、NH_3 を 800℃で燃焼する

$$4NH_3 + 5O_2 \longrightarrow 4NO + 6H_2O$$

(2)(1) で生じた NO を空気と接触させて NO_2 にする

$$2NO + O_2 \longrightarrow 2NO_2$$

(3) (2) で生じた NO_2 を温水に溶かして HNO_3 にする

（副産物の NO は (2) へ再利用）

$$3NO_2 + H_2O \longrightarrow 2HNO_3 + NO$$

$\{(1) + (2) \times 3 + (3) \times 2\} \times \dfrac{1}{4}$ より

$$NH_3 + 2O_2 \longrightarrow HNO_3 + H_2O$$

それでは、各段階をしっかり確認していきましょう。

▼ (1)

NH_3 を酸化すると主に N_2 が生じます。しかし、Pt触媒を使用すると NO になります（オストワルトが発見しました）。

よって、初見では思いつかないため、Pt触媒と共に頭に入れておきましょう。

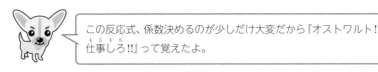

> この反応式、係数決めるのが少しだけ大変だから『オストワルト！
> 仕事しろ!!』って覚えたよ。

$$\overset{.}{4}NH_3 + \overset{.}{5}O_2 \longrightarrow \overset{.}{4}NO + \overset{.}{6}H_2O$$

▼ (2)

NO は酸化されやすく、空気と接触すると空気中の O_2 によって酸化され、NO_2 に変化します。

> NO_2 は赤褐色の気体だね（➡ p.97）。
> だから『無色から赤褐色に変化』っていう表現を見たら NO だよ。

▼ (3)

NO_2を冷水に溶解させると、次のようにHNO_3と亜硝酸HNO_2が生じます。

$$2\underset{+4}{NO_2} + H_2O \longrightarrow \underset{+5}{HNO_3} + \underset{+3}{HNO_2} \quad \cdots\cdots (\text{ i })$$

NO_2のみで酸化還元反応が進行しており、自己酸化還元といわれます。

温度が高いと、続けてHNO_2の分解が進行します。

$$3HNO_2 \longrightarrow HNO_3 + 2NO + H_2O \quad \cdots\cdots (\text{ ii })$$

NO_2を温水に溶解させると（ i ）・（ ii ）の反応が同時に進行するため、｛（ i ）$\times 3 +$（ ii ）｝$\times \dfrac{1}{2}$より（3）の式になります。

$$3NO_2 + H_2O \longrightarrow 2HNO_3 + NO$$

温水にしてるのって、HNO_2をわざと分解させてNOを取り出してるの？
再利用するために？？

そうだね。だから冷水じゃなく温水なんだね。
冷水の反応式（ i ）もたまに出題されるから、
できるだけ書けるようになっておこうね。

NOの再利用と計算問題のポイント

（3）の副産物であるNOは全て（2）へ再利用するため、（1）〜（3）の式をまとめるとNOは消えます。

$$NH_3 + 2O_2 \longrightarrow HNO_3 + H_2O$$

そして、NH_3とHNO_3は1：1の関係であることがわかります。

よって、NH_3とHNO_3の量的関係を問われたら

NH_3の mol＝HNO_3の mol

という立式をしましょう。

(1)〜(3)の反応式を与えられたとき、間違いやすくなるから要注意だよ!!
NH_3 $4x$ mol を反応させたとして、係数通りに各物質の物質量を表記して
いくよ。

$$4NH_3 + 5O_2 \longrightarrow 4NO + 6H_2O \quad \cdots\cdots (1)$$
$4x$ 反応　　　　　　　　$4x$ 生成

$$2NO + O_2 \longrightarrow 2NO_2 \quad \cdots\cdots (2)$$
$4x$ 反応　　　　　　$4x$ 生成

$$3NO_2 + H_2O \longrightarrow 2HNO_3 + NO \quad \cdots\cdots (3)$$
$4x$ 反応　　　　　　$\dfrac{8}{3}x$ 生成

あ！　NH_3 と HNO_3 が1：1じゃない!!

そうなんだ。そのまま係数を追っていくと$4：\dfrac{8}{3}$になっちゃうんだよ。
NOの再利用を考えてないからだね。

出題のたびに3つの式をまとめるの大変だから、
NH_3 と HNO_3 が1：1って覚えるわ。

原料のNH_3の工業的製法（ハーバー・ボッシュ法）

　オストワルト法の原料であるNH_3は、以下に示すハーバー・ボッシュ法で
つくります。

　窒素N_2と水素H_2を1：3で混ぜあわせた気体を、酸化鉄Fe_3O_4触媒存在下、
$3 \times 10^7 Pa$、500℃ほどで反応させます。

$$N_2 + 3H_2 \rightleftharpoons 2NH_3$$

以下の反応式からオストワルト法で70%の硝酸(分子量63)30kgを得たい。

0℃、$1.013×10^5$Pa(標準状態)で何m^3のアンモニアが必要？

反応1：$4NH_3 + 5O_2 \longrightarrow 4NO + 6H_2O$

反応2：$2NO + O_2 \longrightarrow 2NO_2$

反応3：$3NO_2 + H_2O \longrightarrow 2HNO_3 + NO$

解：

反応1〜3をまとめると次のような式になる(➡p.143)。

$$NH_3 + 2O_2 \longrightarrow HNO_3 + H_2O$$

よって、NH_3のmol＝HNO_3のmolが成立する。NH_3の体積を$x\,m^3$とすると、次のようになる。

$$\frac{x}{22.4} = 30 × \frac{70}{100} × \frac{1}{63} \qquad x=7.46 \qquad \boxed{7.5\ m^3}$$

$1m^3 = 10^3$L、$1kg = 10^3$gで10^3は両辺で相殺されるから、そのままの数値で代入してるよ。

//////////////

📚 ポイント

HNO_3の工業的製法：オストワルト法

以下のポイントを押さえて流れを確認しておこう。

・NH_3の酸化によりNOが生じるのはPt触媒存在下

・NOは再利用する ⇒ $NH_3 : HNO_3 = 1:1$

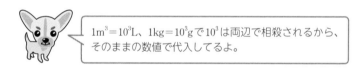

$$NH_3 \xrightarrow[(Pt)]{O_2} NO \xrightarrow{O_2} NO_2 \xrightarrow{H_2O} HNO_3 + \boxed{NO}$$

再利用

ハーバー・ボッシュ法で製造

④ H_2SO_4 （濃硫酸）接触法

二酸化硫黄 SO_2 を原料に、濃硫酸を工業的に合成する方法が**接触法**です。

接触法の原料である SO_2 は、黄鉄鉱 FeS_2 や硫黄 S を燃焼させて得られたものを使用します。

$$4FeS_2 + 11O_2 \longrightarrow 2Fe_2O_3 + 8SO_2$$

$$S + O_2 \longrightarrow SO_2$$

石油の脱硫によって得られる S を燃焼させるんだよ。

ここからが接触法です。

(1) 酸化バナジウム（V）V_2O_5 触媒存在下で SO_2 を O_2 で酸化

$$2SO_2 + O_2 \longrightarrow 2SO_3$$

(2)（1）で得られた SO_3 を濃硫酸に吸収させた後（発煙硫酸）、希硫酸を加える

$$SO_3 + H_2O \longrightarrow H_2SO_4$$

それでは、各段階をしっかり確認していきましょう。

▼ **(1)**

S を燃焼させても SO_3 は得られません。SO_2 で止まってしまいます。

それは、SO_2 の酸化反応の活性化エネルギー（⇒理論化学編 p.305）が高いためです。

よって、活性化エネルギーを下げる必要があり、その方法が V_2O_5 触媒なのです。

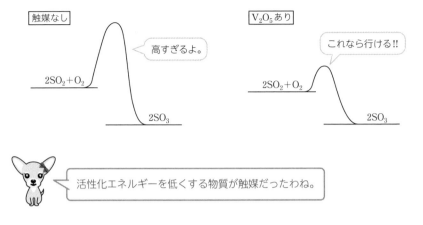

▼ (2)

SO$_3$ と H$_2$O から H$_2$SO$_4$ をつくります。

しかし、SO$_3$ を直接 H$_2$O に吸収させるわけにはいきません。

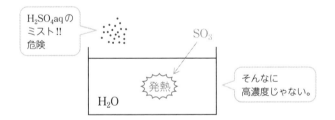

その理由は

1. SO$_3$ の溶解熱が大きく、その熱によって H$_2$O が蒸発してしまう
   ⇒ 一部 H$_2$SO$_4$ に変化しているため、H$_2$SO$_4$ の蒸気が発生することとなり
   危険です。

2. SO$_3$ が限界まで水に溶解させても、濃硫酸にならない
   ⇒ 濃硫酸は濃度が約 98 ％で、非常に高濃度です。

よって、SO$_3$とH$_2$Oの出会いを濃硫酸の中で起こします。

それが「SO$_3$を濃硫酸に吸収させた後（発煙硫酸）、希硫酸を加える」です。

（ⅰ）SO$_3$を濃硫酸に吸収させる

　　⇒　濃硫酸は沸点が非常に高い（約300℃）ので、ちょっとした発熱では
　　　　ビクともしません。

（ⅱ）希硫酸（H$_2$SO$_4$＋H$_2$O）を加える

　　⇒　希硫酸（H$_2$SO$_4$＋H$_2$O）中のH$_2$Oと（ⅰ）のSO$_3$が出会ってH$_2$SO$_4$にな
　　　　ります。

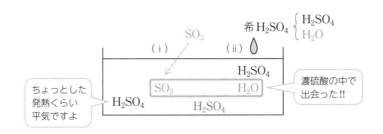

結局、起こっている化学変化は

　　$SO_3 + H_2O \longrightarrow H_2SO_4$

です。この変化を濃硫酸の中で起こしているのです。

手を動かして練習してみよう‼

黄鉄鉱FeS$_2$の燃焼によって得られる二酸化硫黄を原料に、接触法で濃硫
酸をつくる。

黄鉄鉱240gから得られる98％の濃硫酸は何g？

ただし、黄鉄鉱にFeS$_2$以外の物質は含まれないものとする。

（FeS$_2$：式量120、H$_2$SO$_4$：分子量98）

解：

　接触法の流れを考えると、途中でS原子を加えることも再利用することもあ
りません。

　よってFeS$_2$に含まれるS原子は全てH$_2$SO$_4$のS原子となるので、S原子の数

を揃えるように係数を決めると、

$$1\text{FeS}_2 \xrightarrow{\text{接触法}} 2\text{H}_2\text{SO}_4$$

となるため、FeS_2 の mol：H_2SO_4 の mol＝1：2 という量的関係が成立します。

得られる濃硫酸を x g とすると

$$\frac{240}{120} \times 2 = x \times \frac{98}{100} \times \frac{1}{98} \qquad x = \boxed{400 \text{ g}}$$

///////////////////////

👉 ポイント

濃硫酸の工業的製法：接触法

以下のポイントを押さえて流れを確認しておこう。

・原料の SO_2 は FeS_2 や S を燃焼させたもの

・SO_2 の酸化には V_2O_5 触媒が必要

・SO_3 と H_2O の反応を濃硫酸の中で起こす

$$\text{SO}_2 \xrightarrow[(\text{V}_2\text{O}_5)]{\text{O}_2} \text{SO}_3 \xrightarrow{\text{H}_2\text{O}} \text{H}_2\text{SO}_4$$

濃硫酸 → 発煙硫酸 → 希硫酸

実際の手順

⑤ Al　バイヤー法、ホール・エルー法

アルミニウム Al は天然に、**ボーキサイト**という鉱石で存在しています。ボーキサイトから単体の Al を取り出すために、次の2段階があります。

・ボーキサイトから純度の高い酸化アルミニウム Al_2O_3 を取り出す

⇒　(1) バイヤー法

・Al_2O_3 の溶融塩電解により Al を取り出す

⇒　(2) ホール・エルー法

それぞれの段階を押さえていきましょう。

(1) バイヤー法

ボーキサイトの主成分は Al_2O_3 で、不純物として酸化鉄 Fe_2O_3 や二酸化ケイ素 SiO_2 を含みます。

不純物を取り除き、純度の高い Al_2O_3 (**アルミナ**) を取り出す方法がバイヤー法です。

(ⅰ) **ボーキサイトを濃水酸化ナトリウム水溶液に加える**

　⇒　Al_2O_3 は錯イオンになって溶解 (反応式の作り方 ➡ p.185)

$$Al_2O_3 + 3H_2O + 2NaOH \longrightarrow 2Na[Al(OH)_4]$$

> Al_2O_3 は酸化物 XO だから形式的に H_2O を加えてみると、反応式は作れるよ。

　⇒　不純物の Fe_2O_3 や SiO_2 は溶解せず沈殿するため、ここで取り除かれる

> Fe_2O_3 は金属の酸化物だから、塩基性酸化物でしょ？
> だから塩基性の NaOHaq に溶解しないのは当然だわ。
> でも、SiO_2 は非金属の酸化物だから酸性酸化物でしょ？
> なのにどうして NaOHaq に溶解しないの？

> よく気付いたね。
> SiO_2 は NaOH と反応するとケイ酸ナトリウム Na_2SiO_3 に変化するんだ。
> 　$SiO_2 + 2NaOH \longrightarrow Na_2SiO_3 + H_2O$
> この Na_2SiO_3 はイオン結晶なんだけど高分子なんだ。
> 大きすぎて溶解しないんだよ。詳しくは族別各論 (➡ p.221) でね。

(ⅱ) **(ⅰ)の溶液 $Na[Al(OH)_4]$ aq に、大量の水を加えたり、CO_2 を吸収させる**

　⇒　$[Al(OH)_4]^-$ が $Al(OH)_3$ となって沈殿

え？　ええ??

逆向きなら言えるんじゃないかな？
$Al(OH)_3$ を $[Al(OH)_4]^-$ 変えたいなら、どうする？

過剰に NaOHaq を加えるわ。（➡ p.72, 186）

そうだよね。その逆向きなんだから、過剰 NaOH を過剰じゃなくしちゃえばいいんだ。
大量の水で希釈したり、酸 (CO_2) を加えて中和させたり。

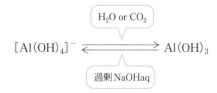

$$[Al(OH)_4]^- \xrightleftharpoons[\text{過剰 NaOHaq}]{\text{H_2O or CO_2}} Al(OH)_3$$

（ⅲ）**取り出した $Al(OH)_3$ を加熱する**

⇒　$Al(OH)_3$ は水酸化物 XOH なので、加熱すると脱水により酸化物 XO に変化する

すなわち Al_2O_3 となる。

$$2Al(OH)_3 \longrightarrow Al_2O_3 + 3H_2O$$

　このようにして、ボーキサイトから純度の高い Al_2O_3（アルミナ）を取り出します。

※クラーク数

地球上の地表付近（約16km）に含まれる元素の割合（質量パーセント）を表したものをクラーク数といいます。

大きいものから順に

酸素O・ケイ素Si・アルミニウムAl・鉄Fe・カルシウムCa・ナトリウムNa

です。

Alは金属元素の中で1位であるため、よく問われます。

> ボーキサイト（Al_2O_3・Fe_2O_3・SiO_2）って、まるでちっちゃい地球だね。
> クラーク数の4位までがすべて含まれてるよ。ちなみに僕は
> 『クラークのお尻にあるの、鉄かな？』って覚えたよ。
>   O Si　Al　　FeCaNa

(2) ホール・エルー法（アルミナAl_2O_3の溶融塩電解）

Alは軽金属[※]であるため、水溶液を電気分解しても得られません。水H_2Oが反応し、水素H_2が発生します。

そのため、融解液を電気分解することにより取り出します。それが溶融塩電解です（➡理論化学編 p. 229）。

※軽金属とは密度が4g/cm^3より小さい金属で、<u>イオン化傾向Li〜Alまで</u>です。

イオン化傾向Zn以下の金属は重金属です。

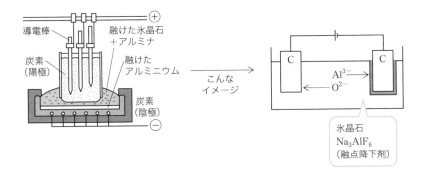

各極の反応式は次のようになります。

$$(+)\ C+O^{2-} \longrightarrow CO+2e^-$$
$$C+2O^{2-} \longrightarrow CO_2+4e^-$$
$$(-)\ Al^{3+}+3e^- \longrightarrow Al$$

いくつかのポイントを確認しておきましょう。

（ⅰ）氷晶石 Na_3AlF_6 を用いる理由

Al_2O_3 の融点は約 $2000℃$ と非常に高く、融解させるためにコストがかかります（$2000℃$ まで加熱する熱量・$2000℃$ に耐え得る装置）。

そこで、融点降下剤として氷晶石 Na_3AlF_6 を加えて融解させます。それにより、約 $1000℃$ で融解させることが可能になります。

凝固点降下を利用してるんだよ（➡理論化学編 p.231）。

（ⅱ）陽極で酸素 O_2 が発生しない理由

高温では炭素 C が酸化されやすいため、電極の C が酸化されていきます。

また、酸素 O 原子の電気陰性度（➡理論化学編 p.66）が非常に大きいことも理由です。

O 原子は結合の相手に、あえて自分自身（O 原子）を選ぶことはしません。共有電子対が半分こだからです。

e^- は半分こ

$$O^\bullet + {}^\bullet O \longrightarrow O \!:\! O$$

　自分以外の相手（フッ素 F 原子は除く）と結合しようとします。共有電子対を自分のものにできるからです。

$$O^{\bullet} + {}_{\bullet}X \longrightarrow O \vcentcolon X$$

だからC電極を使っているのです。

例えばPt電極を使用すると、Ptは酸化されないし、O_2は発生しにくいし、電気分解はスムーズに進行しません。

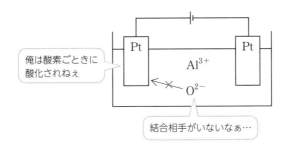

手を動かして練習してみよう!!

酸化アルミニウムの溶融塩電解（融解塩電解）では、各極で次のような反応が進行する。

$$(+)\ C + O^{2-} \longrightarrow CO + 2e^{-}$$
$$C + 2O^{2-} \longrightarrow CO_2 + 4e^{-}$$
$$(-)\ Al^{3+} + 3e^{-} \longrightarrow Al$$

陽極で120molのCOと180molのCO_2が生成したとき、陰極で生成するAlは何mol？

解：

陽極に流れた電子e^{-}は合計で、次のように表すことができます。

陽極に流れたe^{-}の全mol＝COのmol×2＋CO_2のmol×4

$$= 120 \times 2 + 180 \times 4$$
$$= \underline{960\text{mol}}$$

陽極と陰極で流れるe^{-}の量は等しいため、陰極にも960molが流れたことになります。

よって、生成した Al は次のようになります。

生成した Al の mol ＝ 流れた e^- の mol × $\dfrac{1}{3}$

$$= 960 \times \dfrac{1}{3}$$

$$= \boxed{320\text{mol}}$$

ポイント

Al の工業的製法：バイヤー法、ホール・エルー法

以下のポイントを押さえて流れを確認しておこう。

・バイヤー法はボーキサイトからアルミナを取り出す方法

$$\text{ボーキサイト} \xrightarrow{\text{濃NaOHaq}} [\text{Al(OH)}_4]^- \xrightarrow{\text{H}_2\text{O}} \text{Al}_2\text{O}_3$$

（ここで不純物は沈殿）　　　　　アルミナ

・ホール・エルー法はアルミナから Al を取り出す方法

氷晶石は融点降下剤

$$(+)\ C + O^{2-} \longrightarrow CO + 2e^-$$

$$C + 2O^{2-} \longrightarrow CO_2 + 4e^-$$

$$(-)\ Al^{3+} + 3e^- \longrightarrow Al$$

⑥ Fe　酸化鉄の還元

鉄鉱石の中でも、主に赤鉄鉱（Fe_2O_3）や磁鉄鉱（Fe_3O_4）を還元することによって、単体の鉄 Fe を取り出します。

これら鉄鉱石には、不純物として、主に二酸化ケイ素 SiO_2 が含まれています。

鉄鉱石（酸化鉄 ＋SiO_2） $\xrightarrow{\text{還元}}$ **Fe**

では、流れを確認していきましょう。

(1) 鉄鉱石をコークス（主成分C）や石灰石（主成分$CaCO_3$）とともに溶鉱炉に入れ、熱い空気を吹き込む

⇒ コークスが高温で燃えてCOになる。

$$2C + O_2 \longrightarrow 2CO$$

高温だからCOなの？　CO_2にはならないの？

コークスがあるから、CO_2を生じても次の反応が進行するんだ。
$$C + CO_2 \longrightarrow 2CO \quad \Delta H = QkJ \quad (Q > 0)$$
これが吸熱反応だから、高温だと平衡が右に移動してCOになるんだよ。

⇒ COの還元力で酸化鉄が還元され、最終的に**銑鉄**（炭素含有率の高い鉄）になる。

$$3Fe_2O_3 + CO \longrightarrow 2Fe_3O_4 + CO_2$$
$$Fe_3O_4 + CO \longrightarrow 3FeO + CO_2$$
$$FeO + CO \longrightarrow Fe + CO_2$$

COは高温で還元力をもつ気体って覚えたわ!!（➡ p.96）

不純物

石灰石が熱分解によって酸化カルシウム CaO に変化します。

$$CaCO_3 \longrightarrow CaO + CO_2$$

生じた CaO と不純物の SiO_2 が反応し、**スラグ**（$CaSiO_3$）となり、融解した銑鉄の上層に浮くため、取り除かれます。

$$CaO + SiO_2 \longrightarrow CaSiO_3$$

(2) 銑鉄を転炉に入れ、酸素を送り込んで加熱する

⇒ 銑鉄に含まれていたCが酸化されてCO_2となって取り除かれ、炭素含有率の低い**鋼（鋼鉄）**が得られる

銑鉄と鋼（鋼鉄）

銑鉄は炭素を約2%前後含むため、もろく、加工しにくいです。それに対し、鋼（鋼鉄）は炭素含有率が非常に低いため、弾性に富み丈夫です。

炭素含有率が高いと、どうしてもろいの？

Fe＋Cだよ。何結晶かな？

金属と非金属の組み合わせだから……イオン結晶。

そう。イオン結晶は『硬いがもろい』だったね。イオン結晶みたいな性質をもつというイメージだね。

手を動かして練習してみよう!!

赤鉄鉱Fe_2O_3が一酸化炭素COによって還元され、銑鉄Feになる化学反応式を書こう

解：

Fe_2O_3は還元されFeとなり、COは酸化されてCO_2になるため、次のように書くことができます。

$$Fe_2O_3 + CO \longrightarrow Fe + CO_2$$

両辺で元素の原子数をそろえるように係数を決めると出来上がりです。

$$Fe_2O_3 + 3CO \longrightarrow 2Fe + 3CO_2$$

3つの式をまとめて1つにすると少し面倒くさいね。

$$3Fe_2O_3 + CO \longrightarrow 2Fe_3O_4 + CO_2$$
$$Fe_3O_4 + CO \longrightarrow 3FeO + CO_2 \quad (\times 2)$$
$$+) \ FeO + CO \longrightarrow Fe + CO_2 \quad (\times 6)$$
$$\overline{3Fe_2O_3 + 9CO \longrightarrow 6Fe + 9CO_2}$$

$$\downarrow \times \frac{1}{3}$$

$$Fe_2O_3 + 3CO \longrightarrow 2Fe + 3CO_2$$

///////////////////////

☞ ポイント

Fe の工業的製法：酸化鉄の還元

以下のポイントを押さえて流れを確認しておこう。

・酸化鉄を CO で還元して Fe を取り出す

・不純物は石灰石の分解によって得られる CaO と反応し、スラグとして取り除かれる

・銑鉄は C 含有率が高く、もろい。鋼（鋼鉄）は C 含有率が低く、丈夫。

鉄鉱石 $\xrightarrow[\text{CaCO}_3 + \text{C}]{\text{石灰石 + コークス}}$ Fe$_3$O$_4$ $\longrightarrow$ FeO $\longrightarrow$ 銑鉄 $\xrightarrow[\text{転炉}]{\text{O}_2}$ 鋼
$\begin{pmatrix} \text{Fe}_2\text{O}_3 \\ \text{SiO}_2 \quad \text{CaO} \end{pmatrix}$ 　 $\rightarrow$ CO$_2$ $\longrightarrow$ 　 　 （鋼鉄）
　 　 　 　 $\boxed{\text{CO}}$ ®
　 ↓
スラグ

⑦ Cu　粗銅の電解精錬

　銅は天然に、主に**黄銅鉱CuFeS₂**で存在しています。そこから単体の銅Cuを取り出すまでに2つの段階が必要です。

　それぞれを確認していきましょう。

> 黄銅鉱の化学式CuFeS₂が怖かったら、『硫化銅CuSと硫化鉄FeSが1：1で混合しているもの』って考えるといいよ。

(1) 黄銅鉱CuFeS₂から粗銅を取り出す

・黄銅鉱CuFeS₂を、コークス（主成分C）と石灰石（主成分CaCO₃）、ケイ砂（主成分SiO₂）とともに溶鉱炉に入れ、強熱する。

　⇒　イオン化傾向の大きいFeが酸化されて酸化鉄となり、SiO₂と反応してFeSiO₃（スラグ）となって上層に浮き、CuはCu₂Sとなって炉の底にたまる。

$$2CuFeS_2 + 4O_2 + 2SiO_2 \longrightarrow Cu_2S + 2FeSiO_3 + 3SO_2$$

> この式は書けるようにならなくても大丈夫だよ。

・Cu₂Sを転炉に入れて空気を通じて強熱する。

　⇒　粗銅（Zn・Fe・Ni・Pb・Ag・Auなどの不純物を含む銅）が得られる。

$$2Cu_2S + 3O_2 \longrightarrow 2Cu_2O + 2SO_2$$

$$Cu_2S + 2Cu_2O \longrightarrow 6Cu + SO_2$$

(2) 粗銅から純銅を取り出す

・粗銅を陽極、純銅を陰極に用いて、硫酸銅（Ⅱ）水溶液を電気分解する。

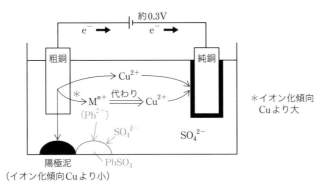

各極の変化は次のようになります。

（＋）$Cu \longrightarrow Cu^{2+} + 2e^-$

不純物

・イオン化傾向がCuより大きい金属

⇒ 陽イオンとなり、溶液中に溶け出します[※]。

$$M \longrightarrow M^{n+} + ne^-$$

※ただしPbは硫酸鉛$PbSO_4$として沈殿します。

$$Pb + SO_4^{2-} \longrightarrow PbSO_4 + 2e^-$$

・イオン化傾向がCuより小さい金属

⇒ 陽極泥として陽極の下に沈殿します

（－）$Cu^{2+} + 2e^- \longrightarrow Cu$

不純物に含まれる重金属が析出しない理由

通常の電気分解では、陰極で重金属が析出します（➡理論化学編 p. 220）。

しかし、銅の電解精錬では銅以外の重金属は析出しません。それは次のような理由です。

・Cuよりイオン化傾向の小さい金属が水中に存在しないため

Cuよりイオン化傾向の小さい金属は、陽極泥として析出するため水中に存在しません。

水中で一番イオン化傾向の小さい金属であるCuが析出します。

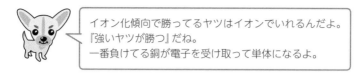

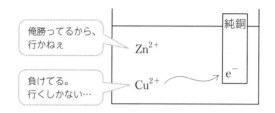

・低電圧で電気分解をしているため

　一番イオン化傾向の小さいCuが析出しやすいとはいえ、高電圧で電気分解をおこなうと、Cuよりイオン化傾向の大きい金属も析出してしまいます。

　よって、確実にCuのみを析出させるため、非常に低い電圧で電気分解をおこなっています。

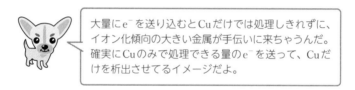

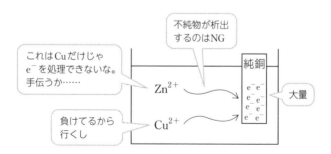

計算問題は少し難しいものも出題されるよ。
計算のポイントを理論化学編p.226で確認しておこうね。

📖 ポイント

Cuの工業的製法：粗銅の電解精錬

以下のポイントを押さえて流れを確認しておこう。

・天然には黄銅鉱$CuFeS_2$で存在している

・黄銅鉱$CuFeS_2$から取り出した粗銅から純銅を取り出す操作が電解精錬

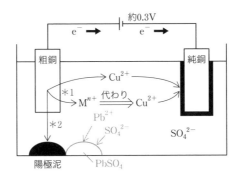

陽極：粗銅が溶解

 *1 イオン化傾向が**Cu**より大きい金属 ⇒ 陽イオン

 *2 イオン化傾向が**Cu**より小さい金属 ⇒ 陽極泥

陰極：純銅が析出

第3章 無機化合物の性質［族別各論：金属元素］

族別に無機化合物（金属元素）の性質を確認していきます。
第1章・第2章で、無機化学の大部分が終了しています。
残りの性質を族別に押さえ、無機化学を完成させていきま
しょう。

第3章の目標

➡ 第1章・第2章で学んだことを生かして、族別に金属
元素の性質を確認しておこう。

➡ 出てくる反応は、反応名がいえるか確認してみよう。

§1 1族（アルカリ金属）

Hを除く1族を**アルカリ金属**といいます。

陽性が強く、1価の陽イオンになりやすい性質をもちます。

①単体

▼ 融点が低く、やわらかい

⇒ アルカリ金属は金属結合が弱いため、このような性質をもちます。原子番
号が大きくなるにつれ、融点が低くなります。

どうしてアルカリ金属は金属結合が弱いの？

金属結合は、金属の陽イオンと自由電子による結合だね。
アルカリ金属は一価だから、自由電子が少ないんだ。
かつ、原子半径が大きいから、自由電子との引力も弱くなるんだね。

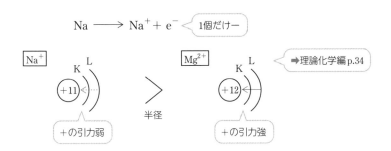

$$Na \longrightarrow Na^+ + e^-$$ 1個だけー

Na^+

K L
$(+11)$ ...

半径 >

Mg^{2+}

K L
$(+12)$

➡理論化学編 p.34

+の引力弱

+の引力強

じゃあ、どうして原子番号の大きいものほど融点が低いの？

アルカリ金属はみんな1原子あたり価電子1個だけど、原子番号が大きいものほど原子半径が大きいから、単位体積あたりの自由電子の数が少なくなってしまうからだよ。

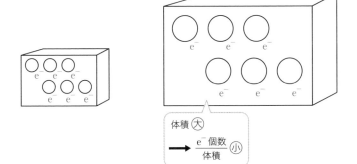

体積 大

$$\longrightarrow \frac{e^- 個数}{体積}$$ 小

▼ 密度が小さい（軽金属）

全て密度は$4.0\,\mathrm{g/cm^3}$より小さく、軽金属です。

イオン化傾向がAl以上のものが軽金属だったね。

▼ 体心立方格子（➡理論化学編 p.110）

単位格子の計算が一緒に出題される問題も多いです。合わせて確認しておきましょう。

▼ 空気中のO_2や冷水と反応 ⇒ 石油中保存

アルカリ金属は還元力が強く、O_2やH_2Oと容易に反応するため、石油中に保存します。

$$4Na + O_2 \longrightarrow 2Na_2O$$
$$2Na + 2H_2O \longrightarrow 2NaOH + H_2$$

H_2Oとの反応はイオン化傾向の部分でも出題されやすいので、化学反応式が書けるように練習しておこうね（➡p.110）。

H_2が発生して、強塩基性になるのよね。

▼ 炎色反応陽性

アルカリ金属は炎色反応陽性です。

系統分析で出題されやすいので、合わせて復習しておきましょう（➡p.127）。

炎色反応の色

リアカー	無 き	K村	動 力	借りようと	するもくれない	馬 力	でいこう
Li	**Na**	**K**	**Cu**	**Ca**	**Sr**	**Ba**	
赤	黄	赤紫	青緑	橙	紅	黄緑	

炎色反応の実験

(1) 白金線を塩酸に浸して洗浄する

(2) ガスバーナーの外炎に入れる

(3) 白金線を試料の水溶液に浸し、ガスバーナーの外炎に入れる

(1)と(2)の操作の意味がわからないわ。

まず、白金線に試料以外の金属が付着している可能性があるから、塩酸で洗うんだ。
前の実験で使用した金属が付着していたらいけないからね。
その後、何も付着していないことを確認するためにバーナーの外炎に入れて、色が変わらないことをチェックしてから、試料の炎色反応を見るんだよ。

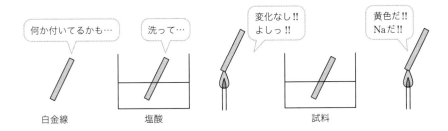

何か付いてるかも…　　洗って…　　変化なし!! よしっ!!　　黄色だ!! Naだ!!

白金線　　　　塩酸　　　　　　　　　試料

▼ 製法　⇒　溶融塩電解（融解塩電解）

軽金属は全て溶融塩電解でつくります（➡理論化学編 p.229）。

NaClの溶融塩電解（陽極：C・陰極：Fe）

$(+) \ 2Cl^- \longrightarrow Cl_2 + 2e^-$

$(-) \ Na^+ + e^- \longrightarrow Na$

ポイント

アルカリ金属の単体の性質

・融点が低く、やわらかい

・密度が小さい(軽金属)

・体心立方格子

・O_2・H_2Oと反応　⇒　石油中保存

・炎色反応陽性

・製法　⇒　溶融塩電解

②化合物

(1) 水酸化ナトリウム NaOH

苛性ソーダともいわれる無色半透明の固体です。

▼ 強塩基性

⇒　空気中のCO_2と反応

　　CO_2は酸性の気体であるため、中和反応により炭酸ナトリウムNa_2CO_3に変化します。

$$CO_2 + 2NaOH \longrightarrow Na_2CO_3 + H_2O$$

> NaOHaqをガラス瓶に保存する場合、口の部分にNaOHaqが付着したままガラス栓をすると、Na_2CO_3の結晶が生成して栓が抜けにくくなるよ。だからゴム栓で保存するんだ。
> そして、ゆっくりゆっくり、ガラスと反応するんだ(➡p.221)。特にすりガラスの部分から進行しちゃうよ。
> 長く保存する場合は、ポリエチレン容器が望ましいよ。

⇒　直接皮膚に触れないように気をつける

　　強塩基性であるため、たんぱく質の変性(➡有機化学編p.267)により皮膚や粘膜などを激しく侵します。

▼ 潮解性がある

空気中の水分を吸収して溶けてしまうことを**潮解**、その性質を**潮解性**といいます。

⇒ 正しい質量をはかりとることができない

すぐに水分を吸収してしまうため、はかりとった質量には水分が含まれてしまいます。

よって、正しい質量をはかりとることができないため、正しい濃度の溶液を調整することができません（標準溶液にはできません➡理論化学編 p.157）。

KOHやCaCl₂なんかも潮解性あるよ。

▼ 製法 ⇒ **NaClaqの電気分解**

工業的製法p.138で確認しました。忘れていたら復習しておきましょう。

(2) 炭酸ナトリウム Na₂CO₃

ガラスの製造や洗剤などに使用されている物質です。

▼ 風解性がある

空気中で結晶水を失う現象を**風解**、その性質を**風解性**といいます。

Na_2CO_3の水溶液を濃縮させると、炭酸ナトリウム十水和物$Na_2CO_3 \cdot 10H_2O$の無色の結晶が析出します。この結晶を空気中に放置すると、白色粉末の炭酸ナトリウム一水和物$Na_2CO_3 \cdot H_2O$に変化します。

$$Na_2CO_3 \cdot 10H_2O \xrightarrow{空気中} Na_2CO_3 \cdot H_2O$$

▼ 製法 ⇒ **アンモニアソーダ法**

工業的製法p.134で確認しました。頭の中で、流れを確認しておきましょう。

(3) 炭酸水素ナトリウム NaHCO₃

重曹ともいわれ、ベーキングパウダーや発泡入浴剤、医薬品（胃薬）に使用されている物質です。

▼ 加熱により分解が起こり、Na₂CO₃に変化する

常温では逆向きが進行することも含め、アンモニアソーダ法（p.134）でも登場しています。化学反応式も書けるようになっておきましょう。

手を動かして練習してみよう!!

アルカリ金属の単体や化合物に関する文章 (1) 〜 (7) で、誤っているものはいくつある？

(1) アルカリ金属の単体は、溶融塩電解によって得られる。

(2) アルカリ金属の単体は冷水と反応し、酸化物に変化する。

(3) アルカリ金属の単体は、原子番号が大きいものほど融点が低い。

(4) 水酸化ナトリウムは風解性があるため、正しい質量をはかりとることができない。

(5) 水酸化ナトリウムは、陽イオン交換膜を用いた塩化ナトリウム水溶液の電気分解により、陽極側で得られる。

(6) 塩化ナトリウムの飽和水溶液にアンモニアを吸収させたあと、二酸化炭素を吸収させると溶解度の小さい塩化アンモニウムが析出する。

(7) 炭酸水素ナトリウムを加熱すると、熱分解により炭酸ナトリウムに変化する。

解：

(1) 軽金属（イオン化傾向 Al 以上）は、水溶液を電気分解しても得られないため、溶融塩電解によって取り出します。➡ p.153　正しい

(2) アルカリ金属の単体は冷水と反応し、<u>水酸化物</u>に変化するため、溶液が強塩基性になります。➡ p.110　誤り

(3) アルカリ金属の単体は、原子番号の大きいものほど半径が大きく、融点が低くなります。

　　➡ p.165　正しい

(4) 水酸化ナトリウムは<u>潮解性</u>があるため、正しい質量をはかりとることができません。

　　➡ p.169　誤り

(5) 水酸化ナトリウムは、塩化ナトリウム水溶液の電気分解により、<u>陰極側</u>で得られます。

　　➡ p.139　誤り

(6) アンモニアソーダ法の一部です。ここで析出するのは比較的溶解度の小さい<u>炭酸水素ナトリウム</u>です。➡ p.134　誤り

(7) アンモニアソーダ法の一部です。炭酸水素ナトリウムを加熱すると熱分解によって炭酸ナトリウムに変化します。➡ p.134　正しい

　　以上より、誤っているのは<u>4つ</u>。

//////////////////////

🔖 ポイント

アルカリ金属の化合物の性質

$NaOH$

・強塩基性

・潮解性がある

・製法　⇒　$NaCl$ aq の電気分解

Na_2CO_3

・風解性がある

・製法　⇒　アンモニアソーダ法

$NaHCO_3$

・加熱により分解が起こり Na_2CO_3 に変化

§2 2族（アルカリ土類金属）

アルカリ金属同様、陽性が強く、2価の陽イオンになりやすい性質をもちます。

「Be・Mg[土類（Mg族）]」と「それ以外[土類（Ca族）]」では性質が異なり、その違いがよく問われます。

同じ2族なのに、どうして性質が違うの？

電子軌道っていうのを考えるとBeとMgは2族なんだけど、形式上、12族の部分に移動させることができるよね。
それに対して、Ca以下は遷移元素の存在があるから移動させることはできないね。
BeとMgは『12族っぽい2族』。それ以外は『純粋な2族』ってイメージだね。

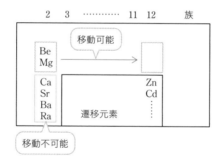

①単体

アルカリ金属に比べ、融点は高く、密度もやや大きくなります。

また、原子番号が大きいほど原子半径が大きく、イオン化エネルギーが小さくなるため（➡理論化学編p.31）、陽イオンに変化しやすく反応性が高くなります。

そして、軽金属（イオン化傾向Al以上）であるため、溶融塩電解で取り出します。

アルカリ金属のことを思い出すと……
アルカリ金属に比べて、2族は1原子あたりの自由電子の
数が多いから金属結合が強くて、融点が高いの?

正解。それに加えて、同周期のアルカリ金属に比べて、
原子半径が小さいからね。

土類（Mg族）と土類（Ca族）の違い

	(1) 炎色反応	(2) 冷水との反応	(3) 水酸化物の水溶性	(4) 硫酸塩の水溶性
土類（Mg族）	陰性	反応しない	溶解しない	溶解する
土類（Ca族）	陽性	反応する	溶解する	溶解しない

(1) 炎色反応（土類（Mg族）⇒ 陰性、土類（Ca族）⇒ 陽性）

炎色反応の色を再度確認しておきましょう（➡p.166）。

(2) 冷水と反応（土類（Mg族）⇒ しない、土類（Ca族）⇒ する）

金属のイオン化傾向（➡p.110）で確認しました。

$$Ca + 2H_2O \longrightarrow Ca(OH)_2 + H_2$$

Mgは沸騰水（熱水）なら反応します。

ちなみに、BeはH_2Oと反応しないよ。

(3) 水酸化物の水溶性（土類（Mg族）⇒ 不溶、土類（Ca族）⇒ 可溶）

土類（Ca族）の水酸化物は、水に溶けて強塩基性を示します。

ただし、$Ca(OH)_2$の溶解度は他の土類に比べて小さいため、少し濃度が大きくなると沈殿してしまします。

『基本的に金属は塩基性にすると沈殿。その中で、強塩基のアルカリ金属と土類（Ca族）だけが沈殿しない』だったね。沈殿生成反応で確認してるよ（➡p.64）。

(4) 硫酸塩の水溶性（土類（Mg族）⇒ 可溶、土類（Ca族）⇒ 不溶）

　土類（Ca族）の硫酸塩は白色沈殿です（➡ p.66）。

///////////////////////////

📖 ポイント

　2族の単体（土類（Mg族）と土類（Ca族）の性質の違い）
　・炎色反応
　　土類（Mg族）⇒ 陰性、土類（Ca族）⇒ 陽性
　・冷水と反応
　　土類（Mg族）⇒ しない、土類（Ca族）⇒ する
　・水酸化物の水溶性
　　土類（Mg族）⇒ 不溶、土類（Ca族）⇒ 可溶
　・硫酸塩の水溶性
　　土類（Mg族）⇒ 可溶、土類（Ca族）⇒ 不溶

②化合物

(1) 炭酸カルシウム $CaCO_3$・酸化カルシウム CaO

　$CaCO_3$ は天然に、石灰石や大理石の主成分として存在しています。CaO は生石灰ともよばれています。

▼ **$CaCO_3$ は加熱により熱分解が進行し、酸化カルシウム CaO に変化**

　　$CaCO_3 \longrightarrow CaO + CO_2$

　そして、CaO は水を加えると多量の熱を発生し、溶解します。

　　$CaO + H_2O \longrightarrow Ca(OH)_2$

『XO型(酸化物)はH₂Oと出会うとXOH型(水酸化物)に！(➡ p.19)』ってやつね。
何回も登場するから、もうクリアできたわ。

これらの反応は、アンモニアソーダ法(➡ p.134)でも登場したね。
熱分解は鉄の製法(➡ p.157)でも登場したよ。

▼ **CaOにコークスCを加えて強熱すると、炭化カルシウム(カルシウムカーバイド)CaC₂に変化**

$$CaO + 3C \longrightarrow CaC_2 + CO$$

これ!! 高温だからCO₂じゃなくてCOなんでしょ？
鉄の製法(➡ p.157)でやったやつ!!

$$CO_2 + C \underset{}{\overset{\text{高温}}{\rightleftarrows}} 2CO \quad \Delta H = Q \text{ kJ} \quad (Q>0)$$

そそ。よく覚えていたね。

CaC₂はアセチレンC₂H₂の製法に利用します(➡ 有機化学編p.86)。

$$CaC_2 + 2H_2O \rightleftarrows Ca(OH)_2 + C_2H_2$$

(2) 水酸化カルシウム Ca(OH)₂

Ca(OH)₂は消石灰ともよばれています。水への溶解度は大きくありませんが、水溶液は強塩基性を示します。

▼ **石灰水(Ca(OH)₂の飽和水溶液)は、二酸化炭素CO₂の検出に利用(➡ p.102)**
石灰水にCO₂を通じると、炭酸カルシウムCaCO₃が生じて白濁します。

$$Ca(OH)_2 + CO_2 \longrightarrow CaCO_3 + H_2O$$

さらにCO_2を通じると、炭酸水素カルシウム$Ca(HCO_3)_2$となって溶解し、無色の溶液になります。

$$CaCO_3 + CO_2 + H_2O \rightleftharpoons Ca(HCO_3)_2$$

この溶液を加熱すると、水中からCO_2が追い出されることにより逆反応が進行し、$CaCO_3$が沈殿します。

$$CaCO_3 + CO_2 + H_2O \rightleftharpoons Ca(HCO_3)_2$$

 この反応が石灰岩地帯で起こっているんだよ。
CO_2を含む地下水が原因で石灰岩が浸食されて鍾乳洞ができるんだ。

$$CaCO_3 + CO_2 + H_2O \longrightarrow Ca(HCO_3)_2$$

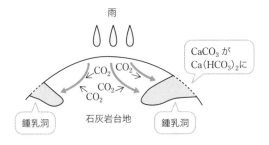

 雨水ってそんなにたくさんCO_2が溶けてるの？

違うよ。地中で微生物が有機物を分解してCO_2が発生しているんだ。
それが地下水に溶け込んでるんだよ。

 だからCO_2濃度が高くなってるのね。

そして、生じた$Ca(HCO_3)_2$を含む水が石灰岩の割れ目から流れ落ちるとき、CO_2が放出されて逆反応が進行するんだ。ゆっくり、ゆっくりね。

$$Ca(HCO_3)_2 \longrightarrow CaCO_3 + CO_2 + H_2O$$

こうやってできる、つらら状のものを鐘乳石っていうんだ。
水滴が落ちて同じことが進行すると、石筍ができるよ。
鐘乳石と石筍がつながったら石柱だね。

すごい。知った上で見に行くと楽しそうね。

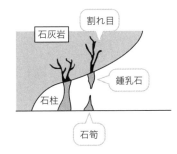

▼ 湿った$Ca(OH)_2$に塩素を吸収させると、さらし粉$CaCl(ClO)\cdot H_2O$が生成

これ、中和反応であってる？

正解。$Ca(OH)_2$は塩基。Cl_2は酸性の気体だね。
Cl_2はH_2Oと反応してHClと$HClO$に変化するよ（➡ p.259）。

$$Cl_2 + H_2O \longrightarrow HCl + HClO$$

これと$Ca(OH)_2$の中和反応って考えるといいね。

$$HCl + HClO + Ca(OH)_2 \longrightarrow CaCl(ClO) + 2H_2O$$

2式を合わせるとできるよ。

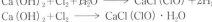

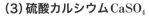

(3) 硫酸カルシウム$CaSO_4$

$CaSO_4$は天然に、二水和物$CaSO_4\cdot 2H_2O$で存在しています。これを**セッコウ**といいます。

▼ セッコウを120〜140℃に加熱すると水和水の一部が失われ、半水和物 $CaSO_4 \cdot \frac{1}{2}H_2O$ に変化

$$CaSO_4 \cdot 2H_2O \xrightarrow{熱} CaSO_4 \cdot \frac{1}{2}H_2O + \frac{3}{2}H_2O$$

$CaSO_4 \cdot \frac{1}{2}H_2O$ を焼きセッコウといいます。

▼ 焼きセッコウに水を加えて練り、しばらく放置すると体積が増加してセッコウに戻る

$$CaSO_4 \cdot \frac{1}{2}H_2O + \frac{3}{2}H_2O \longrightarrow CaSO_4 \cdot 2H_2O$$

これを利用して、焼きセッコウは医療用ギプスなどに利用されています。

(4) 硫酸バリウム $BaSO_4$

$BaSO_4$ はX線を遮蔽し、胃液（強い酸性）でも溶解しないため、X線検査の造影剤として利用されています。

手を動かして練習してみよう!!

2族の単体や化合物に関する文章(1)〜(7)で正しいものはいくつある？

(1) Mgの水酸化物は水溶性、Caの水酸化物は難溶性である。

(2) Mgの硫酸塩は水溶性、Caの硫酸塩は難溶性である。

(3) Mgの塩化物は水溶性、Caの塩化物は難溶性である。

(4) Mgは熱水、Caの単体は冷水と反応して H_2 が発生する。

(5) $Ca(OH)_2$ は消石灰、CaOは生石灰とよばれる。

(6) $CaSO_4$ はX線検査の造影剤として利用されている。

(7) $CaCO_3$ にコークスを加えて加熱すると CaC_2 が生成する。

解：

(1) Mgの水酸化物が<u>難溶性</u>、Caの水酸化物が<u>水溶性</u>（水溶液は強塩基性）です。
 ⇒ 誤り

(2) Mgの硫酸塩は水溶性、Caの硫酸塩は難溶性です。
 ⇒ 正しい

(3) Mgの塩化物もCaの塩化物も<u>水溶性</u>です（沈殿として覚えていないイオン結晶は水溶性です）。⇒ 誤り

(4) Mgは熱水、Caの単体は冷水と反応してH_2が発生します。⇒ 正しい

(5) $Ca(OH)_2$は消石灰、CaOは生石灰とよばれています。また、$Ca(OH)_2$の水溶液は石灰水です。⇒ 正しい

(6) X線検査の造影剤として利用されているのは<u>$BaSO_4$</u>です。$CaSO_4$は天然にセッコウとして存在し、焼きセッコウは医療用ギプスなどに利用されています。⇒ 誤り

(7) 生石灰<u>CaO</u>にコークスを加えて加熱するとCaC_2が生成します。⇒ 誤り

　以上より、正しいものは3つです。

ポイント

2族の化合物

$\boxed{\text{CaCO}_3}$

石灰石や大理石の主成分。加熱によりCaOに変化。

$\boxed{\text{CaO}}$

生石灰とよばれる。コークスを加えて加熱するとCaC_2が生成。

$\boxed{\text{Ca(OH)}_2}$

消石灰とよばれる。水溶液は石灰水とよばれ、CO_2の検出に利用されている。

$\boxed{\text{CaSO}_4}$

天然にはセッコウ$CaSO_4 \cdot 2H_2O$として存在。加熱により焼きセッコウ$CaSO_4 \cdot \frac{1}{2}H_2O$に変化。医療用ギプスなどに利用。

$\boxed{\text{BaSO}_4}$

X線検査の造影剤として利用されている。

§3 アルミニウム Al・両性金属

　アルミニウム Al は13族の元素で、3価の陽イオンになりやすい性質をもちます。

　地殻中には、酸素、ケイ素についで多く、金属元素では最多です（クラーク数➡p.153）。

①単体

　アルミニウムの単体は、銀白色の軽金属（イオン化傾向 Li 〜 Al）です。

▼ 延性、展性、電気伝導性、熱伝導性に優れている

電気伝導性、熱伝導性の大きい金属には次のようなものがあります。

$Ag > Cu > Au > Al$

Agは金属の中の電導性No.1として、Cuは家電製品のコード、Auは
PCやスマホの基盤、Alは工業用コイルなんかに利用されているよ。

▼ Alを主成分とした合金※にジュラルミンがある

Alのほか、Cu、Mg、Mnなどを含みます。軽くて丈夫なため、航空機の機体などに利用されています。

※代表的な合金

合金とは、金属に他の金属や非金属が混じったものです。

合金にすることで、強度が増すなどのメリットがあります。例えばAlに少量のFeを混ぜることで鋼(鋼鉄)に似た軽くて丈夫な合金(軽合金)となります。

合　金	含まれる金属	用途の例
ジュラルミン	Al＋Cu＋Mg＋Mn	航空機の機体・自動車材料
黄銅	Cu＋Zn	機械部品・コンセント
青銅	Cu＋Sn	銅像・十円玉・水道蛇口
白銅	Cu＋Ni	百円玉・熱交換器管
ステンレス鋼	Fe＋Cr＋Ni	キッチン・建築材料
アマルガム	Hg＋他の金属	歯の充填材(現在はほとんど使用されていない)

▼ 空気中に放置すると酸化被膜を形成するため、内部が保護され、腐食されない

Alはイオン化傾向が大きいため、身の回りで利用されている金属の中では、酸化されやすい性質をもちます。しかし腐食されるわけではありません。

それは、表面に生じる非常に緻密なAl_2O_3の酸化被膜によって、内部のAlが保護されるためです。

この被膜を人工的に分厚くつけた製品を**アルマイト**といいます。

普段目にしているAlって被膜がついてるの？

そうだよ。Al_2O_3は無色透明だから、被膜で覆われているのはわからないよね。

▼ 燃焼すると多量の熱と光を発生する

Alが燃焼するときに放出するエネルギーは金属の中で最大です。

$$Al + \frac{3}{4}O_2 \longrightarrow \frac{1}{2}Al_2O_3 \quad \Delta H = -837kJ$$

▼ 酸化鉄(Ⅲ)Fe_2O_3との混合物に点火すると多量の熱が発生し、融解したFeが生成

Alは還元力が強くFe_2O_3を還元するため、Feを取り出すことができます。このとき多量の熱が発生するため、Feは融解した状態で得られます。

$$2Al + Fe_2O_3 \longrightarrow Al_2O_3 + 2Fe$$

AlとFe_2O_3の混合物をテルミット、この反応を**テルミット反応**といいます。

Fe以外にも利用されているよ。例えばCrだよ。

$$2Al + Cr_2O_3 \longrightarrow Al_2O_3 + 2Cr$$

▼ 酸とも強塩基とも反応し、H_2が発生（両性金属➡ p.118）

酸との反応（塩酸）

$$2Al + 6HCl \longrightarrow 2AlCl_3 + 3H_2$$

強塩基との反応（水酸化ナトリウム水溶液）

$$2Al + 6H_2O + 2NaOH \longrightarrow 2Na[Al(OH)_4] + 3H_2$$

『金属の単体の反応』に戻って、水酸化ナトリウム水溶液との反応式は書く練習をしておこうね。

もう一発で書けるよ。
不動態を形成するから濃硝酸、熱濃硫酸と反応しないのも覚えたわ。

▼ 高温水蒸気と反応し、H_2が発生（イオン化傾向 ➡ p.110）

Alは冷水とは反応しませんが、高温水蒸気とは反応しH_2が発生します。

$$2Al + 6H_2O \longrightarrow 2Al(OH)_3 + 3H_2$$

高温水蒸気のときは脱水が起こって酸化物になるんじゃなかった？
Al_2O_3にはならないの？

$Al(OH)_3$は比較的安定だから、350℃以上にしたら脱水が進行して酸化物Al_2O_3になるんだ。

$$2Al + 3H_2O \longrightarrow Al_2O_3 + 3H_2$$

▼ ボーキサイトからアルミナAl_2O_3を取り出し、Al_2O_3の溶融塩電解をおこなうと得られる（バイヤー法、ホール・エルー法 ➡ p.151）

バイヤー法

$$Al_2O_3 + 3H_2O + 2NaOH \longrightarrow 2Na[Al(OH)_4]$$

$$Na[Al(OH)_4] \longrightarrow Al(OH)_3 + NaOH$$

$$2Al(OH)_3 \longrightarrow Al_2O_3 + 3H_2O$$

ホール・エルー法

陰極：$Al^{3+} + 3e^- \longrightarrow Al$

陽極：$C + O^{2-} \longrightarrow CO + 2e^-$

　　　$C + 2O^{2-} \longrightarrow CO_2 + 4e^-$

軽金属（イオン化傾向Li～Al）の製法は溶融塩電解だよ。

ポイント

Alの単体

- 延性、展性、電気伝導性、熱電導性に優れている
- **Alを主成分とした合金 ⇒ ジュラルミン**
- 空気中に放置すると酸化被膜を形成し、内部が保護される（人工的に被膜をつけた製品：アルマイト）
- 燃焼すると多量の熱と光を発生
- 酸化鉄(Ⅲ)Fe_2O_3との混合物に点火するとFeが生成（テルミット反応）
- 酸とも強塩基とも反応し、H_2が発生（両性金属）
- 高温水蒸気と反応し、H_2が発生
- 製法：バイヤー法、ホール・エルー法

②化合物

(1) 酸化アルミニウム Al_2O_3

水に不溶の白色粉末です。融点が非常に高い（約2000℃）ため、溶融塩電解をおこなう際には融点降下剤として氷晶石を使用します（➡p.154）。

▼ 酸とも強塩基とも反応して溶解する（両性酸化物）

酸との反応（塩酸）

$$Al_2O_3 + 6HCl \longrightarrow 2AlCl_3 + 3H_2O$$

酸化物XOだから、形式的にH$_2$Oを加えて
水酸化物XOHに変えるんだったね（➡p.32）。

$$Al_2O_3 + 3H_2O + HCl \longrightarrow$$
$$2Al(OH)_3$$

もう一度、手を動かして書いておこうね。

強塩基との反応（水酸化ナトリウム水溶液）

$$Al_2O_3 + 3H_2O + 2NaOH \longrightarrow 2Na[Al(OH)_4]$$

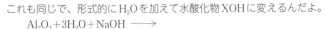

これも同じで、形式的にH$_2$Oを加えて水酸化物XOHに変えるんだよ。

$$Al_2O_3 + 3H_2O + NaOH \longrightarrow$$
$$2Al(OH)_3$$

そして、強塩基と反応したときは錯イオン[Al(OH)$_4$]$^-$に変化するから
右辺が書けるね。

$$Al_2O_3 + 3H_2O + NaOH \longrightarrow 2[Al(OH)_4]^-$$
$$2Al(OH)_3$$

あとは数を揃えるようにNaOHの係数を決めて、Na$^+$を右辺に追加すると出来上がりだよ。

$$Al_2O_3 + 3H_2O + 2NaOH \longrightarrow 2Na[Al(OH)_4]$$

(2) 水酸化アルミニウム Al(OH)$_3$

アルミニウムイオン Al^{3+} を含む水溶液に少量の強塩基、またはアンモニア水を加えると生じる白色ゲル状の沈殿です。

$$Al^{3+} + 3OH^- \longrightarrow Al(OH)_3$$
$$Al^{3+} + 3NH_3 + 3H_2O \longrightarrow Al(OH)_3 + 3NH_4^+$$

NH$_3$との反応は、p.69で練習したFe^{3+}とNH$_3$との反応と全く同じだよ。
弱塩基のNH$_3$は電離と沈殿生成が同時に進行するってやつね。
手を動かして書いておこうね。

▼ 酸とも強塩基とも反応して溶解する（両性水酸化物）

酸との反応（塩酸）

$$Al(OH)_3 + 3HCl \longrightarrow AlCl_3 + 3H_2O$$

これは、ただの中和ね。

強塩基との反応（水酸化ナトリウム水溶液）

$$\mathrm{Al(OH)_3 + NaOH \longrightarrow Na[Al(OH)_4]}$$

これも、反応物と生成物を並べると、反応式が出来上がってるわね。

(3) ミョウバン $\mathrm{AlK(SO_4)_2 \cdot 12H_2O}$

硫酸アルミニウム $\mathrm{Al_2(SO_4)_3}$ と硫酸カリウム $\mathrm{K_2SO_4}$ の混合水溶液を冷却したり、濃縮すると、ミョウバン $\mathrm{AlK(SO_4)_2 \cdot 12H_2O}$ の無色透明で正八面体の結晶が生じます。

このように、複数の塩（$\mathrm{Al_2(SO_4)_3}$ と $\mathrm{K_2SO_4}$）からなる塩を**複塩**といいます。

ゆうこちゃん、ミョウバンは水に溶けて何性の塩？

塩の液性ね……。
$\mathrm{Al^{3+}}$ は弱塩基由来、$\mathrm{K^+}$ は強塩基由来、$\mathrm{SO_4^{2-}}$ は強酸由来だから、酸性ね??

正解。忘れていたら塩の液性で復習しておこうね（➡理論化学編p.148）。

③両性金属のまとめ

両性金属の**単体、酸化物、水酸化物、いずれも酸とも強塩基とも反応して溶解**します。

単体のときにはH_2が発生することを意識しておくといいでしょう。

酸と反応するとイオン、強塩基と反応すると錯イオンになって溶解します。

Alの復習も込めて、両性金属のZnの単体や化合物について、次の式を手を動かして書いておきましょう。

(1) 亜鉛Znと希硫酸

$$Zn + H_2SO_4 \longrightarrow H_2 + ZnSO_4$$

(2) Znと水酸化ナトリウム水溶液

$$Zn + 2NaOH + 2H_2O \longrightarrow Na_2[Zn(OH)_4] + H_2$$

(3) 酸化亜鉛ZnOと塩酸

$$ZnO + 2HCl \longrightarrow H_2O + ZnCl_2$$

(4) ZnOと水酸化ナトリウム水溶液

$$ZnO + 2NaOH + H_2O \longrightarrow Na_2[Zn(OH)_4]$$

(5) 水酸化亜鉛$Zn(OH)_2$と塩酸

$$Zn(OH)_2 + 2HCl \longrightarrow 2H_2O + ZnCl_2$$

(6) $Zn(OH)_2$と水酸化ナトリウム水溶液

$$Zn(OH)_2 + 2NaOH \longrightarrow Na_2[Zn(OH)_4]$$

手を動かして練習してみよう!!

アルミニウムの単体や化合物に関する文章(1)〜(7)のうち、誤っているのはいくつ?

(1) アルミニウムは地殻中に含まれる元素の中で2番目に多い

(2) 単体は、酸とも強塩基とも反応して酸素が発生する

(3) 単体は高温水蒸気と反応して水素が発生する

(4) ミョウバンの水溶液は弱酸性である

(5) 酸化アルミニウムは強塩基と反応して水素が発生する

(6) 単体はアルミナの溶融塩電解によって取り出す

(7) 単体と酸化鉄(Ⅲ)を混ぜ合わせて点火すると単体の鉄が得られる

解：

(1) 酸素、ケイ素についで3番目です。金属元素の中では1番です。⇒ 誤り

(2) 両性金属なので、単体は、酸とも強塩基とも反応します。しかし、発生する気体は水素です。⇒ 誤り

(3) Alに限らず、金属の単体は、H_2Oと反応すると水素が発生します。
　 ⇒ 正しい

(4) 塩の液性の判断（➡理論化学編p.148）より弱酸性です。⇒ 正しい

(5) 両性金属の酸化物なので、酸とも強塩基とも反応しますが、酸化物のときにH_2は発生しません。⇒ 誤り

(6) Alは軽金属であるため、溶融塩電解で取り出します。⇒ 正しい

(7) Alは還元力が強いため、酸化鉄(Ⅲ)を還元します。テルミット反応といいます。⇒ 正しい

　以上より、誤っているのは 3つ です。

ポイント

Alの化合物

　Al_2O_3

　・酸とも強塩基とも反応して溶解（両性酸化物）

　$Al(OH)_3$

　・酸とも強塩基とも反応して溶解（両性水酸化物）

　$AlK(SO_4)_2・12H_2O$

　・$Al_2(SO_4)_3$とK_2SO_4の混合水溶液から得られる複塩

　・水溶液は弱酸性

---

④その他両性金属（Zn・Sn・Pb）の性質

(1) 亜鉛Zn

　天然には閃亜鉛鉱（主成分ZnS）で存在し、単体は、閃亜鉛鉱をコークス（主成分C）で還元すると得られます。

▼ 単体は希酸と反応し、H_2が発生する。（➡ p.112）

Znはイオン化傾向がH_2より大きいため、希酸と反応してH_2が発生します。

例 希硫酸との反応

$$Zn + H_2SO_4 \longrightarrow H_2 + ZnSO_4$$

▼ 両性金属であるため、単体**Zn**、酸化物**ZnO**、水酸化物**Zn(OH)₂**は酸とも強塩基とも反応して溶解する。（➡ p.186）

例 ZnOと水酸化ナトリウムと水溶液の反応

$$ZnO + 2NaOH + H_2O \longrightarrow Na_2[Zn(OH)_4]$$

その他の反応式は、p.187で登場してるよ。

▼ 単体は様々な電池の電極やメッキ、合金などに利用されている。

Znはボルタ電池（➡ 理論化学編 p.208）やダニエル電池（➡ 理論化学編 p.210）だけでなく、マンガン乾電池などにも利用されています。また、トタン（➡ p.200）などのメッキ、黄銅（➡ p.181）などの合金に利用されています。

▼ 酸化亜鉛**ZnO**は水に不溶の白色粉末で、白色顔料や医薬品などに利用されている。

単体のZnを空気中で加熱するとZnOが得られます。絵の具の原料や、ベビーパウダーなどに利用されています。

顔料ってなあに？

溶媒に溶けない着色剤だよ。溶媒に溶ける着色剤は染料っていうよ。

▼ 水酸化亜鉛 $Zn(OH)_2$ は過剰アンモニア水に溶解。

Zn^{2+} はアンモニア NH_3 と錯イオンを形成するため（➡ p.72）、過剰 NH_3aq に溶解します。これは他の両性金属には無い性質です。

$$Zn(OH)_2 + 4NH_3 \longrightarrow [Zn(NH_3)_4]^{2+} + 2OH^-$$

また、溶解後の溶液に硫化水素 H_2S を吸収させると、ZnS の白色沈殿が生じます。系統分析の流れです（➡ p.126）。

(2) スズ Sn

周期表14族の元素です。$+2$ と $+4$ の酸化数をとります。

天然にはスズ石（主成分 SnO_2）として存在し、これをコークス（主成分 C）で還元することで単体が得られます。

▼ 単体は希酸と反応し、H_2 が発生する。（➡ p.112）

Sn はイオン化傾向が H_2 より大きいため、希酸と反応して H_2 が発生します。

▼ 単体は合金やメッキに利用される。

銅 Cu と Sn の合金が青銅（➡ p.181）、鉛 Pb と Sn の合金はハンダといわれ、融点が低いため溶接などに利用されています。また、空気中で比較的安定なため、ブリキ（➡ p.200）にも利用されています。

Sn の単体には同素体（➡ 理論化学編 p.10）が存在するんだよ。

同素体って S・C・O・P じゃないの？

問われるのはその4つだから、参考程度でいいよ。
Snの同素体は金属結晶と共有結合結晶があるんだ。

▼ スズは Sn^{2+} より Sn^{4+} の方が安定。塩化スズ(II)$SnCl_2$ は還元剤として働く。

Sn^{2+} より Sn^{4+} の方が安定なため、$SnCl_2$ は還元剤として働きます。

例 塩化鉄(III)$FeCl_3$ と $SnCl_2$ の反応

$$2FeCl_3 + SnCl_2 \longrightarrow 2FeCl_2 + SnCl_4$$

▼ 両性金属であるため、単体 Sn、酸化物 $[SnO \cdot SnO_2]$、水酸化物 $[Sn(OH)_2 \cdot Sn(OH)_4]$ は酸とも強塩基とも反応して溶解する。(➡ p.186)

例 $SnO_2 + NaOHaq$

$$SnO_2 + 2H_2O + 2NaOH \longrightarrow Na_2[Sn(OH)_6]$$

$Sn(OH)_4 + NaOHaq$

$$Sn(OH)_4 + 2NaOH \longrightarrow Na_2[Sn(OH)_6]$$

(3) 鉛 Pb

やわらかく、比較的融点が低い金属です。

▼ イオン化傾向は H_2 より大きいが、希硫酸や塩酸とはほとんど反応しない。

表面に不溶性の硫酸鉛(II)$PbSO_4$ や塩化鉛(II)$PbCl_2$ を形成するため、希硫酸や塩酸とはほとんど反応しません。

▼ 単体は、鉛蓄電池の電極、X線の遮蔽材、ハンダとして利用されている。

主に、鉛蓄電池(➡ 理論化学編 p.214)の負極として利用されています。また、Pb は X 線を吸収しやすいため X 線の遮蔽材、融点が低いためハンダ(Sn との合金)として利用されています。

▼ 鉛は Pb^{4+} より Pb^{2+} の方が安定。酸化鉛(IV)PbO_2 は酸化剤として働く。

Pb^{4+} より Pb^{2+} の方が安定なため、PbO_2 は酸化剤として働きます。

例 PbO_2 と塩酸の反応

$$PbO_2 + 4HCl \longrightarrow PbCl_2 + 2H_2O + Cl_2$$

希硫酸とは反応しないの？

希硫酸には還元力がないから反応しないよ。Pb^{4+} を Pb^{2+} に変えるには還元する必要があるからね。

▼ 水酸化鉛(Ⅱ)$Pb(OH)_2$ は過剰水酸化ナトリウム水溶液に溶解する。

両性水酸化物であるため、過剰水酸化ナトリウム水溶液に溶解します。

$$Pb(OH)_2 + 2NaOH \longrightarrow 2Na^+ + [Pb(OH)_4]^{2-}$$

▼ Pb^{2+} を含む水溶液にクロム酸カリウム K_2CrO_4 水溶液を加えると、クロム酸鉛(Ⅱ)$PbCrO_4$ の黄色沈殿、硫化水素 H_2S を通じると硫化鉛(Ⅱ)PbS の黒色沈殿が生じる。

沈殿生成反応（➡ p.62）で確認した沈殿です。これを利用して、Pb^{2+} の検出に K_2CrO_4aq、H_2S の検出に酢酸鉛(Ⅱ)$(CH_3COO)_2Pb$ 紙が使用されます。

酢酸鉛(Ⅱ)紙は $(CH_3COO)_2Pb$ をろ紙にしみ込ませたものだよ。

§4 遷移元素（遷移金属）

周期表3〜12族を遷移元素といいます。それらは**全て金属元素**であるため、遷移金属ともいわれます（➡理論化学編p.21）。

原子番号順に見ると、第4周期のスカンジウムScが最初に登場する遷移元素です。

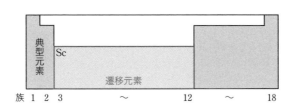

遷移元素っていうのは、電子配置に特徴があるんだよ。
最外殻に電子が入るのが典型元素、内側の電子殻に電子が入るのが遷移元素だよ。
電子配置はとても大切だから、理論化学編でしっかり復習しておこうね。

①遷移元素の特徴

(1)一般的に融点が高く、密度が大きい

遷移元素は、最外殻電子だけでなく内殻電子も自由電子になります。よって、典型元素に比べ自由電子の数が多いため、金属結合が強く、融点が高くなります。

遷移元素で密度が$4.0g/cm^3$以下の軽金属はスカンジウムScだけだよ。
$5.0g/cm^3$以下でも、チタンTiが入るくらい。ほとんど重金属なんだね。

(2)隣り合う元素同士がよく似た性質を示す

典型元素は、最外殻電子数が周期的に変化し、同じ族の原子は最外殻電子数が等しくなっているため、<u>縦に並んだ元素（同じ族の元素）同士の性質が似ています</u>。

例 電子配置

酸素 $_8$O　K^{2}L^6

硫黄 $_{16}$S　K^{2}L^{8}M^6

> 酸素も硫黄も16族で最外殻電子数はともに6だね。

それに対して、遷移元素の最外殻電子数は基本的に2（CrとCuは1）で等しいため、隣り合った元素の性質が似ています。

例 電子配置

スカンジウム $_{21}$Sc　K^{2}L^{8}M^{9}N^2

ニッケル $_{28}$Ni　K^{2}L^{8}M^{16}N^2

> スカンジウムは3族、ニッケルは10族。族は違うけど、最外殻電子数はともに2だよ。

(3) 複数の酸化数をとる元素が多い

典型元素は一定の酸化数をとるのに対し、遷移元素は、同じ元素でも複数の酸化数を示す場合が多いのが特徴です。

イオンを思い出してみるといいでしょう。

例

典型元素	遷移元素
ナトリウムNa　⇒　Na$^+$	鉄Fe　⇒　Fe^{2+}・Fe^{3+}
酸素O　⇒　O^{2-}	銅Cu　⇒　Cu$^+$・Cu^{2+}

(4) 錯イオンをつくるものが多い

錯イオンをつくる金属は「遷移元素 ＋ 両性金属」です（➡p.72）。

また、遷移元素の錯イオンは有色のものが多いのも特徴の一つです。

> 遷移元素は、内側の殻をうまく利用して配位子を受け入れるから、錯イオンになりやすいんだよ。

(5) 単体や化合物は色をもつもの、触媒になるものが多い

錯イオン同様、色をもつ単体や化合物が多いのが特徴です。酸化還元反応などで登場したものを思い出してみるといいですね。

例 KMnO$_4$　赤紫色　　K$_2$Cr$_2$O$_7$　橙色

触媒も、気体の製法や工業的製法、有機化学の反応で登場したものを思い出しておきましょう。

例 MnO_2（O_2の製法など）　V_2O_5（接触法、ベンゼンの酸化開裂）

手を動かして練習してみよう!!

次の中から遷移元素を選び、遷移元素の性質を3つ答えよう。

Al・Mn・Mg・Fe・Be・Ca・Cu・Ag・Sn・Cr

解：

周期表3〜12族の元素です。選択肢にあるものは代表的な遷移元素なので、即答できるようになっておきましょうね。

遷移元素　⇒　Mn・Fe・Cu・Ag・Cr

遷移元素の性質　⇒　融点が高い、密度が大きい（重金属が多い）、隣り合う元素の性質が似ている、錯イオンを作りやすい、複数の酸化数をとるものが多い、単体や化合物は有色のものが多い、など。

ポイント

遷移元素（3〜12族）

・一般的に融点が高く、密度が大きい
・隣り合う元素同士がよく似た性質を示す
・複数の酸化数をとる元素が多い
・錯イオンをつくるものが多い
・単体や化合物は色をもつもの、触媒になるものが多い

②鉄Fe

地殻中に4番目に多い元素（金属元素ではAlについで2番目）です。自然界には、赤鉄鉱（主成分Fe_2O_3）や磁鉄鉱（Fe_3O_4）などの鉄鉱石として存在しています。

(1)単体

硬く、磁性をもつ金属です。

▼ 高温水蒸気と反応して四酸化三鉄Fe_3O_4（H_2発生）

冷水とは反応しませんが、高温水蒸気とは反応しH_2が発生します（➡p.110）。高温水蒸気のときには水酸化物の脱水により、酸化物が生成します。

$$3Fe+4H_2O \rightleftharpoons Fe_3O_4+4H_2$$

▼ 希酸と反応してH_2発生

イオン化傾向が水素より大きいため、希硫酸や塩酸と反応し、H_2が発生します（➡p.112）。

$$Fe+H_2SO_4 \longrightarrow FeSO_4+H_2$$

▼ CrやNiと合金をつくる（ステンレス鋼）

FeにCrやNiを混合してできる合金がステンレス鋼です（➡p.181）。

サビにくい（腐食されにくい）性質をもち、キッチンや建築材料など多岐にわたり利用されています。

▼ 鉄鉱石を還元すると得られる

鉄鉱石に石灰石（主成分$CaCO_3$）とコークス（主成分C）を加えて還元していきます（➡p.156）。

$$3Fe_2O_3+CO \longrightarrow 2Fe_3O_4+CO_2$$
$$Fe_3O_4+CO \longrightarrow 3FeO+CO_2$$
$$FeO+CO \longrightarrow Fe+CO_2$$

すでに学んだことばかりね。

そうだね。第2章までで『無機化学の重い部分は終わる』って言ってたのは、こういうことなんだ。しっかり復習しておこうね。

ポイント

Fe の単体

・高温水蒸気と反応して Fe_3O_4（H_2発生）

・希酸と反応して H_2 発生

・Cr や Ni と合金をつくる（ステンレス鋼）

・鉄鉱石を還元すると得られる

(2) イオン

	Fe^{2+}	Fe^{3+}
(ⅰ) 色	淡緑色	黄褐色
(ⅱ) 酸化力・還元力	**還元剤**	**酸化剤**
(ⅲ) NaOH 水溶液またはアンモニア水	$Fe(OH)_2$　緑白色	$Fe(OH)_3$　赤褐色
(ⅳ) $K_4[Fe(CN)_6]$ 水溶液 ヘキサシアノ鉄(Ⅱ)酸カリウム	——	濃青色沈殿
(ⅴ) $K_3[Fe(CN)_6]$ 水溶液 ヘキサシアノ鉄(Ⅲ)酸カリウム	濃青色沈殿	——
(ⅵ) KSCN 水溶液	——	血赤色溶液

(ⅰ) 鉄のイオンには Fe^{2+} と Fe^{3+}（空気中で安定）があり、それぞれ**淡緑色、黄褐色**です。

単体の鉄 Fe に希酸を加えると Fe^{2+} が生成します（➡ p.112）。

$$Fe+2H^+ \longrightarrow Fe^{2+}+H_2$$

希硫酸のとき　$Fe + H_2SO_4 \longrightarrow FeSO_4 + H_2$

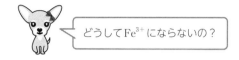

どうしてFe^{3+}にならないの？

H^+は酸化力がそんなに強くないんだ。だからFe^{2+}までしか酸化されないんだよ。

(ⅱ) Fe^{2+}は還元剤、Fe^{3+}は酸化剤として作用します。

$$Fe^{2+} \rightleftarrows Fe^{3+} + e^-$$

また、Fe^{2+}を含む水溶液を空気中に放置すると、溶存酸素によって酸化され、Fe^{3+}に変化します。

$$4Fe^{2+} + 2H_2O + O_2 \longrightarrow 4Fe^{3+} + 4OH^-$$

これ、きよしくんが系統分析で言ってたやつ？

そうそう。水溶液にふくまれている鉄のイオンはFe^{3+}になってるってやつね（➡p.125）。

(ⅲ) 鉄イオンを含む水溶液にNaOH水溶液やアンモニア水を加えると、水酸化物の沈殿を生じます（➡p.64）。水酸化鉄(Ⅱ) $Fe(OH)_2$が緑白色、水酸化鉄(Ⅲ)が赤褐色です。

$Fe(OH)_2$は溶存酸素によって酸化され水酸化鉄(Ⅲ)に変化します。

(ⅳ) Fe^{3+} を含む水溶液にヘキサシアノ鉄(Ⅱ)酸カリウム $K_4[Fe(CN)_6]$ 水溶液を加えると、濃青色の沈殿を生じます。

この沈殿、ベルリン青っていわれてたんだよ。

(ⅴ) Fe^{2+} を含む水溶液にヘキサシアノ鉄(Ⅲ)酸カリウム $K_3[Fe(CN)_6]$ 水溶液を加えると、濃青色の沈殿を生じます。

この沈殿、ターンブル青っていわれてたんだよ。

(ⅳ)と(ⅴ)で生じる沈殿は同一の物質 $K[FeFe(CN)_6]$ です。

2つのFeの酸化数はそれぞれ、+2と+3だよ。

$$K[\underset{+2\ +3}{FeFe}(CN)_6]$$

(ⅵ) Fe^{3+} を含む水溶液にチオシアン酸カリウム KSCN 水溶液を加えると、血赤色の溶液になります。
　これは、$[Fe(SCN)_n]^{3-n}$ $(n=1\sim6)$ で表される錯イオンによる色です。

Feのイオン

	Fe^{2+}	Fe^{3+}
色	淡緑色	黄褐色
$K_4[Fe(CN)_6]$ 水溶液	—	濃青色沈殿
$K_3[Fe(CN)_6]$ 水溶液	濃青色沈殿	—
KSCN水溶液	—	血赤色溶液

(3) 化合物 (酸化物)

酸化鉄 (Ⅲ) Fe_2O_3

単体の鉄が湿った空気中で酸化されると生じる、赤褐色の酸化物 (サビ) です。赤サビといわれます。

鉄の表面に密着していないため、内部が保護されず、どんどん鉄の酸化が進行してしまいます。

そのため、内部を保護するために鉄にメッキを施します。

▼ トタン

鉄Feの表面を亜鉛Znで覆ったものをトタンといいます。

イオン化傾向はZnの方が大きく、Znの方が酸化されやすいため、傷がついてもZnが残っている間はFeの酸化が進行しません。

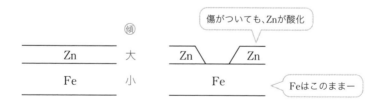

▼ ブリキ

鉄Feの表面をスズSnで覆ったものをブリキといいます。

ZnよりSnの方がイオン化傾向が小さいため、傷がついていない状態ではト

タンより酸化されにくく安定です。

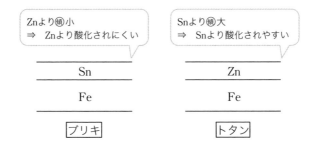

しかし、SnとFeではイオン化傾向はFeの方が大きく、Feの方が酸化されやすいため、傷がつくとFeの酸化が進んでしまいます。

四酸化三鉄 Fe_3O_4

単体の鉄に高温水蒸気を吹き付けたり（→ p.112）、鉄をバーナーで焼くと生じる、黒色で磁性を示す酸化物です。黒サビといわれます。

$$3Fe+4H_2O \rightleftharpoons Fe_3O_4+4H_2$$

Fe_3O_4は鉄の表面に密着するため、内部が保護されます。

Fe_3O_4はFeOとFe_2O_3が1：1で混合していると考えればいいんだったわね。

酸化鉄（Ⅱ） FeO

天然には存在しません。Feの工業的製法（→ p.156）のようにFe_2O_3を還元することで得られる黒色の酸化物です。

Feの化合物（酸化物）

Fe_2O_3

Feが湿った空気中で酸化されると生じる、赤褐色の酸化物。赤サビといわれる。

Fe_2O_3 は内部を保護する性質をもたない。よって単体のFeにはメッキを施す。

 トタン ⇒ Feの表面をZnで覆ったもの

 ブリキ ⇒ Feの表面をSnで覆ったもの

Fe_3O_4

Feに高温水蒸気を吹き付けたり、Feをバーナーで焼くと生じる黒色で磁性を示す酸化物。黒サビといわれる。

手を動かして練習してみよう!!

鉄の単体や化合物に関する文章 (1) ～ (7) で正しいものはいくつある？

(1) 鉄の単体は、ボーキサイトを還元すると得られる。

(2) 単体の鉄は高温水蒸気と反応し水酸化鉄 (III) に変化する。

(3) Fe^{3+} を含む水溶液に $K_4[Fe(CN)_6]$ 水溶液を加えると、濃青色の沈殿を生じる。

(4) Fe^{3+} を含む水溶液にKSCN水溶液を加えると、血赤色の沈殿を生じる。

(5) 緑白色の水酸化鉄 (II) は水中で、赤褐色の水酸化鉄 (III) に変化していく。

(6) 単体の鉄が湿った空気中で酸化されると、赤褐色の Fe_2O_3 に変化する。

(7) 鉄の表面をスズで覆ったものをブリキという。

(1) 鉄は、赤鉄鉱や磁鉄鉱といわれる鉄鉱石で存在しています。ボーキサイトはアルミニウムの鉱石です (➡ p.150)。⇒ 誤り

(2) 鉄は高温水蒸気と反応しますが、水酸化物の脱水により酸化物Fe_3O_4に変化します。⇒　誤り

(3) Fe^{3+}を含む水溶液に$K_4[Fe(CN)_6]$水溶液を加えると、濃青色の沈殿$K[FeFe(CN)_6]$を生じる。⇒　正しい

(4) Fe^{3+}を含む水溶液にKSCN水溶液を加えると、血赤色の溶液になります。沈殿ではありません。⇒　誤り

(5) 緑白色の水酸化鉄(Ⅱ)は水中で、溶存酸素によって酸化され、赤褐色の水酸化鉄(Ⅲ)に変化します。⇒　正しい

(6) 単体の鉄が湿った空気中で酸化されると、赤サビとよばれる赤褐色のFe_2O_3に変化します。⇒　正しい

(7) 鉄の表面をスズで覆ったものをブリキ、亜鉛で覆ったものがトタンです。⇒　正しい

よって正しいものは 4つ です。

③銅 Cu

(1) 単体

電気伝導性、熱伝導性がAgについで大きい (➡ p.181) 赤色の金属です。

▼ 合金 (➡ p.181) として使用することが多い

黄銅　⇒　Cu＋Zn

青銅　⇒　Cu＋Sn

白銅　⇒　Cu＋Ni

▼ 空気中で加熱すると、1000℃以下では黒色の酸化銅(Ⅱ)CuO、1000℃以上では赤色の酸化銅(I)Cu_2Oに変化する。また、湿った空気中に放置すると緑青 $CuCO_3 \cdot Cu(OH)_2$を生じる

1000℃以下で加熱したときに生じる黒色のCuOは、1000℃以上で分解が進行し、赤色のCu_2Oに変化します。

$$4CuO \longrightarrow 2Cu_2O + O_2$$

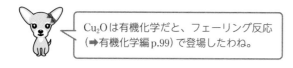

Cu₂Oは有機化学だと、フェーリング反応
（➡有機化学編p.99）で登場したわね。

そうだね。アルデヒドの還元力を確認する反応だね。
フェーリング反応は糖類でも扱ったよ。

　湿った空気中では緑青といわれる、青緑色のサビを生じます。化学式 $CuCO_3 \cdot Cu(OH)_2$ を理解するために、できる過程を確認してみましょう。

$$Cu \xrightarrow{O_2} CuO \xrightarrow{H_2O} Cu(OH)_2 \xrightarrow{CO_2} CuCO_3$$

（ⅰ）空気中でCuが酸化され、CuOに変化

（ⅱ）空気中の H_2O と反応し $Cu(OH)_2$ に変化

　　（酸化物XOは H_2O と出会うと水酸化物XOHに！）

（ⅲ）$Cu(OH)_2$ が空気中の CO_2 と反応して $CuCO_3$ に変化（中和）

　（ⅱ）で生じる $Cu(OH)_2$ と（ⅲ）で生じる $CuCO_3$ が1：1で混合している状態が緑青 $CuCO_3 \cdot Cu(OH)_2$ です。

銅像が緑になるのも緑青だよ。鎌倉の大仏とか、自由の女神とかね。

▼ 希酸とは反応しないが、熱濃硫酸、濃硝酸、希硝酸と反応する（➡p.112）

　イオン化傾向が H_2 より小さいため、希酸とは反応しません。しかし、酸化力の強い酸とは反応します。

熱濃硫酸　　　$Cu + 2H_2SO_4 \longrightarrow CuSO_4 + SO_2 + 2H_2O$

濃硝酸　　　　$Cu + 4HNO_3 \longrightarrow Cu(NO_3)_2 + 2NO_2 + 2H_2O$

希硝酸　　　　$3Cu + 8HNO_3 \longrightarrow 3Cu(NO_3)_2 + 2NO + 4H_2O$

酸化還元反応式が書けるかどうか、手を動かして確認しておこうね。

▼ 黄銅鉱 $CuFeS_2$ から粗銅を取り出し、粗銅を電解精錬することで得られる
（➡ p.160）

電解精錬

　　陽極 (+) $Cu \longrightarrow Cu^{2+} + 2e^-$

　　　不純物　　イオン化傾向が Cu より大　⇒　イオン

　　　　　　　　　　　　　　　　　　　（Pb は $PbSO_4$ として沈殿）

　　　　　　　イオン化傾向が Cu より小　⇒　陽極泥

　　陰極 (−) $Cu^{2+} + 2e^- \longrightarrow Cu$

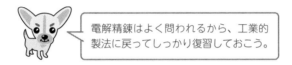
電解精錬はよく問われるから、工業的製法に戻ってしっかり復習しておこう。

(2) 化合物

水酸化銅 (Ⅱ) $Cu(OH)_2$

　Cu^{2+} を含む水溶液に NaOH 水溶液やアンモニア水を加えると、$Cu(OH)_2$ の青白色沈殿を生じます。

　　　$Cu^{2+} + 2OH^- \longrightarrow Cu(OH)_2$

　　　$Cu^{2+} + 2NH_3 + 2H_2O \longrightarrow Cu(OH)_2 + 2NH_4^+$

　この沈殿に過剰にアンモニア水を加えると錯イオンを形成し深青色の溶液になります。

　　　$Cu(OH)_2 + 4NH_3 \longrightarrow [Cu(NH_3)_4]^{2+} + 2OH^-$

この溶液がシュバイツァー試薬だよ（➡有機化学編 p.221）。沈殿生成反応（➡p.67）や錯イオン生成反応（➡p.76）の反応式の書き方を復習しておこうね。

硫酸銅(Ⅱ)五水和物 $CuSO_4 \cdot 5H_2O$

青色結晶で、加熱により水和水を失っていき、最終的に無水物の白色粉末に変化します（➡p.82）。

さらに加熱すると酸化銅(Ⅱ)CuO に分解されます。

$$CuSO_4 \cdot 5H_2O \xrightarrow{\text{熱}} CuSO_4 \cdot 3H_2O \xrightarrow{\text{熱}} CuSO_4 \cdot H_2O \xrightarrow{\text{熱}} CuSO_4 \xrightarrow{\text{熱}} CuO + SO_3$$

$$(2SO_3 \rightleftharpoons 2SO_2 + O_2)$$

☞ ポイント

Cuの単体・化合物

・合金（黄銅・青銅・白銅）

・酸化物

$$Cu \quad \begin{cases} \xrightarrow{\text{1000℃以下}} CuO \\ \xrightarrow{\text{1000℃以上}} Cu_2O \\ \xrightarrow{\text{湿った空気中}} CuCO_3 \cdot Cu(OH)_2 \\ \qquad\qquad\qquad\qquad \text{緑青} \end{cases}$$

・単体は熱濃硫酸、濃硝酸、希硝酸と反応

・単体の製法は電解精錬

・$Cu(OH)_2$は過剰アンモニア水に溶解

・青色結晶$CuSO_4 \cdot 5H_2O$は加熱により白色粉末晶$CuSO_4$へ

④銀 Ag

(1) 単体

▼ 電気伝導性、熱伝導性が最も大きい金属

全ての金属の中で、電気伝導性、熱伝導性が第1位です（➡p.181）。また、延性、展性は金Auについで第2位です。

▼ 空気中で安定なため、熱しても酸化されない。ただしH_2Sが存在すると容易に反応

空気中の酸素O_2に酸化されることはありません（➡p.115）。しかし、H_2Sを含む空気中では表面に硫化銀Ag_2Sを生じるため、黒くなります。

$$4Ag+2H_2S+O_2 \longrightarrow 2Ag_2S+2H_2O$$

▼ 希酸とは反応しないが、熱濃硫酸、濃硝酸、希硝酸と反応する（➡p.112）

イオン化傾向がH_2より小さいため、希酸とは反応しません。しかし、酸化力の強い酸とは反応します。

熱濃硫酸　　$2Ag+2H_2SO_4 \longrightarrow Ag_2SO_4+SO_2+2H_2O$

濃硝酸　　　$Ag+2HNO_3 \longrightarrow AgNO_3+NO_2+H_2O$

希硝酸　　　$3Ag+4HNO_3 \longrightarrow 3AgNO_3+NO+2H_2O$

(2) 化合物

ハロゲン化物 AgX

▼ AgF以外のハロゲン化物は水に溶解しにくく、沈殿を生成する（➡p.131）

ハロゲン化銀の沈殿の溶解性をまとめて復習しておきましょう。

ハロゲン化銀AgX	（ⅰ）NH_3 aq	（ⅱ）$Na_2S_2O_3$ aq	（ⅲ）KCN aq
AgCl（白色）	溶解する $[Ag(NH_3)_2]^+$	溶解する $[Ag(S_2O_3)_2]^{3-}$	溶解する $[Ag(CN)_2]^-$
AgBr（淡黄色）	溶解しない	溶解する $[Ag(S_2O_3)_2]^{3-}$	溶解する $[Ag(CN)_2]^-$
AgI（黄色）	溶解しない	溶解する $[Ag(S_2O_3)_2]^{3-}$	溶解する $[Ag(CN)_2]^-$

（ⅰ）アンモニア水に溶解するのは、AgCl のみです。

$$AgCl + 2NH_3 \longrightarrow [Ag(NH_3)_2]^+ + Cl^-$$

（ⅱ）チオ硫酸ナトリウム $Na_2S_2O_3$ 水溶液には全ての沈殿が溶解します。

例 $AgBr + 2Na_2S_2O_3 \longrightarrow Na_3[Ag(S_2O_3)_2] + NaBr$

（ⅲ）シアン化カリウム KCN 水溶液にも全ての沈殿が溶解します。

（正確には、KCN 水溶液を少量加えると AgCN の沈殿が生じ、過剰に加えると溶解します。）

例 $AgBr + 2KCN \longrightarrow K[Ag(CN)_2] + KBr$

どうして AgCl しかアンモニア水に溶けないの？

AgBr と AgI はイオン結晶だけど、電気陰性度の差が小さくて、共有結合性が強いんだ。
ガチガチの沈殿って感じ。だから、極めて安定な錯イオンを作る配位子がいないと溶解しないんだよ。

その配位子が $S_2O_3^{2-}$ と CN^- なのね？

そそ。$S_2O_3^{2-}$ は Ag^+ 専門の配位子だし、CN^- は基本的に誰でも OK な配位子。
どっちも強烈だよね。だから AgBr や AgI も溶けるってイメージでいいよ。

▼ ハロゲン化銀の沈殿は感光性をもつため、光が当たると分解して銀が析出

これを利用し、AgBr は写真の感光剤に利用されています。

$$2AgBr \xrightarrow{\text{光}} 2Ag + Br_2$$

同様に、硝酸銀 $AgNO_3$ にも感光性があります。感光性をもつ化合物は褐色ビンに保存します。

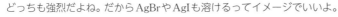

☞ ポイント

Ag の単体・化合物

- ・単体は電気伝導性、熱伝導性が第1位
- ・空気中で熱しても酸化されないが、H_2S が存在すると容易に反応
- ・希酸とは反応しないが、熱濃硫酸、濃硝酸、希硝酸とは反応
- ・AgF 以外のハロゲン化銀は水に溶解しにくく、沈殿を生成（AgCl のみアンモニア水に溶解）

⑤クロム Cr

(1) 単体

▼ **極めて安定で、酸素や水と反応しないため、メッキや合金に利用されている**

アルミニウムのように表面が酸化被膜で覆われるため、腐食されにくい性質をもちます。

代表的な合金にステンレス鋼 (➡ p.181) があります。

▼ **イオン化傾向が H_2 より大きいため希酸と反応する**

イオン化傾向は Zn と Fe の間です。よって、塩酸や希硫酸と反応し H_2 が発生します。

ただし、不動態を形成するため濃硝酸には溶解しません。

(2) 化合物

▼ **様々な酸化数 (+2、+3、+6) の化合物が存在する**

酸化物では、$CrO \cdot Cr_2O_3 \cdot CrO_3$ の酸化数がそれぞれ +2・+3・+6 です。

応用 「酸化物XOはH₂Oと出会うと水酸化物（オキソ酸）XOHに変化する（➡ p.19）」に従って、3つの酸化物を水酸化物（オキソ酸）に変化させてみましょう。

・$CrO \xrightarrow{+H_2O} Cr(OH)_2$

酸化クロム（II）CrOは水酸化クロム（II）$Cr(OH)_2$となり、塩基性を示します。

よって、基本通り、金属酸化物であるCrOは塩基性酸化物です。

・$Cr_2O_3 \xrightarrow{+3H_2O} 2Cr(OH)_3$

酸化クロム（III）Cr_2O_3は水酸化クロム（III）$Cr(OH)_3$に変化します。実はこの$Cr(OH)_3$は両性です。よって、Cr_2O_3は両性酸化物です。
$Cr(OH)_3$は両性なので、過剰水酸化ナトリウム水溶液に溶解します。

$$Cr(OH)_3 + OH^- \longrightarrow [Cr(OH)_4]^-$$

どうして両性金属じゃないのに両性になるの？

『強いオキソ酸の条件（➡ p.16）』を思い出してみようね。
1つは『酸化数が大きい』だったんだ。
Crはそんなに電気陰性度が小さくない上に、酸化数が大きくなると、酸性に近づいてしまうんだね。
$Cr(OH)_2$は塩基性だけど、$Cr(OH)_3$は両性になるんだ。

ってことは＋6になったら……

ねえ。大変だよねえ。確認してみよう。

・ $CrO_3 \xrightarrow{+H_2O} CrO_2(OH)_2$? $\longrightarrow$ H_2CrO_4 ！

酸化クロム(Ⅵ) CrO_3 はクロム酸 H_2CrO_4 に変化します。よって、CrO_3 は酸性酸化物です。

なんと。やっぱり。

ここまで酸化数が大きくなると、酸性になっちゃうんだよ。

▼ クロム酸イオン $CrO_4{}^{2-}$ は酸性にするとニクロム酸イオン $Cr_2O_7{}^{2-}$ に変化する（➡ p.133）

$$2CrO_4{}^{2-} + 2H^+ \longrightarrow Cr_2O_7{}^{2-} + H_2O$$
黄色   橙色

逆に、$Cr_2O_7{}^{2-}$ は塩基性にすると $CrO_4{}^{2-}$ に変化します。

$$Cr_2O_7{}^{2-} + 2OH^- \longrightarrow 2CrO_4{}^{2-} + H_2O$$

どっちがどっちかわからなくなるから、『$CrO_4{}^{2-}$ は酸性にすると $Cr_2O_7{}^{2-}$ に変化』を頭に入れて徹底しようね。
僕は『大黒さん、2等』って覚えたよ。『黄色のクロム酸は酸性にするとニクロム酸イオンの橙色に変わる』ってこと。

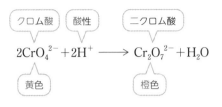

$$2CrO_4^{2-} + 2H^+ \longrightarrow Cr_2O_7^{2-} + H_2O$$

クロム酸 酸性 ニクロム酸
黄色 橙色

クロム酸の『さん』と酸性の『さん』が両方
かかってるのね。変だけど覚えたわ。

▼ クロム酸イオン CrO_4^{2-} は Pb^{2+}・Ag^+・Ba^{2+} と沈殿をつくる

　系統分析に組み込まれて出題されたりします。組み合わせと色を確認しておきましょう。

$$Pb^{2+} + CrO_4^{2-} \longrightarrow PbCrO_4 （黄色）$$
$$2Ag^+ + CrO_4^{2-} \longrightarrow Ag_2CrO_4 （赤褐色）$$
$$Ba^{2+} + CrO_4^{2-} \longrightarrow BaCrO_4 （黄色）$$

何か語呂合わせないの？

『生意気な赤いアジ黄ばむ』って覚えてるよ。

ポイント

Crの単体・化合物

- 単体は極めて安定。メッキや合金に利用されている。
- 様々な酸化数（+2、+3、+6）の化合物が存在する
- CrO_4^{2-} は酸性にすると $Cr_2O_7^{2-}$ に変化する
- CrO_4^{2-} は Pb^{2+}・Ag^+・Ba^{2+} と沈殿をつくる
  $PbCrO_4$（黄色）・Ag_2CrO_4（赤褐色）・$BaCrO_4$（黄色）

第 **4** 章

無機化合物の性質[族別各論:非金属元素]

族別に無機化合物（非金属元素）の性質を確認していきます。今まで学んだ反応や工業的製法を思い出しながら、非金属化合物の性質を確認していきましょう。

第4章の **目標**

➡ 第1章・第2章で学んだことを生かして、族別に非金属元素の性質を確認しておこう。

➡ 出てくる反応は、反応名がいえるか確認してみよう。

▶ §1 | 14族

14族の非金属は炭素 C とケイ素 Si です。炭素化合物の多くは有機化合物として有機化学で学びます。

① 炭素 C

(1) 単体

炭素の単体にはいくつかの同素体があります。代表的な同素体であるダイヤモンドと黒鉛（グラファイト）と確認していきましょう。

ダイヤモンド

▼ 無色透明、すべての物質の中で最も硬い。立体網目状構造。

ダイヤモンドは、<u>炭素原子の4つの価電子すべてが共有結合</u>することでできる、正四面体からなる立体網目状構造です。

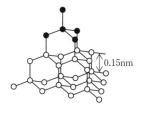

0.15nm

共有結合結晶の結晶格子の計算も、合わせて確認しておこうね。（➡理論化学編p.121）

黒鉛（グラファイト）

▼ **黒色、やわらかい結晶。層状構造。**

黒鉛は層状構造をしており、層間は結合力の弱い分子間力（➡理論化学編p.91）であるため、はがれやすい性質をもちます。

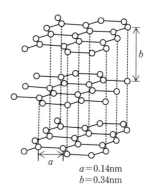

$a = 0.14\text{nm}$
$b = 0.34\text{nm}$

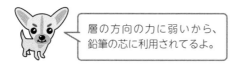
層の方向の力に弱いから、鉛筆の芯に利用されてるよ。

▼ **電気伝導性がある。金属光沢がある。**

炭素原子の価電子4つのうち、3つが共有結合に使われ、残り1つが平面上を動くことができるため、電気伝導性があります。また、金属の単体のような光沢をもちます。

電気を通すから、電気分解の電極に使われてるね。

この他にも、炭素の同素体として、球状のフラーレン、筒状のカーボンナノチューブ、などがあります。

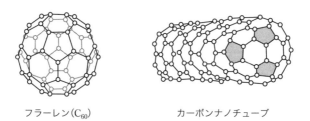

フラーレン（C_{60}）　　　　　　カーボンナノチューブ

ポイント

炭素の単体（同素体）の性質

・ダイヤモンドと黒鉛（グラファイト）の性質の違い

ダイヤモンド

⇒　立体網目状構造・非常に硬い・融点が非常に高い

黒鉛（グラファイト）

⇒　層状構造・はがれやすい・電気伝導性をもつ

(2) 化合物

一酸化炭素CO

▼ 無色無臭で有毒、水に不溶の気体。

　COは血液中のヘモグロビンと結合し、ヘモグロビンのO_2運搬を阻止するため、非常に有毒な気体です。

▼ 空気中で青色の炎を上げて燃焼し、二酸化炭素CO_2に変化する。

　自身が酸化されるため、<u>還元力をもつ気体</u>です（➡ p.95）。

▼ 実験室製法はギ酸HCOOHに濃硫酸を加えて加熱。（➡ p.92）

　分解反応を利用した気体の製法です。

$$HCOOH \longrightarrow CO + H_2O$$

COは炭素が不完全燃焼したときに発生するよ。
$$2C + O_2 \longrightarrow 2CO$$
あと、CO_2が高温でCと接触すると生成するよ。
$$C + CO_2 \rightleftarrows 2CO$$
吸熱反応だから高温だと平衡が右に移動してCOになるんだ。
これ、何の工業的製法で登場したか覚えてる？

鉄の工業的製法!! このCOの還元力で酸化鉄を還元したわ。

▼ **工業的製法は赤熱したコークスに水蒸気を反応させる。**

この反応によって得られるH_2とCOの混合気体を水性ガスといいます。

$$C + H_2O \longrightarrow CO + H_2$$

水性ガスは、メタノールの合成原料に使用されています。水性ガスを触媒存在下、高温高圧で反応させます。

$$CO + 2H_2 \longrightarrow CH_3OH$$

実際には、COとH_2を1：2の割合にした合成ガスを反応させて作るよ。

二酸化炭素CO_2

▼ **空気中の約0.03％を占め、無色無臭で水に溶解し酸性を示す気体。**

空気中では、N_2・O_2・Arについで第4位です。水溶性で空気より重いため、下方置換で捕集します（➡ p.95）。CO_2が水に溶解したものが炭酸H_2CO_3で、弱い酸性を示します。

$$CO_2 + H_2O \rightleftharpoons (H_2CO_3) \rightleftharpoons H^+ + HCO_3{}^-$$

よって塩基性の物質と反応し、吸収されます。

$$CO_2 + 2NaOH \longrightarrow Na_2CO_3 + H_2O$$

▼ **固体はドライアイスとよばれ、昇華性をもつ。**

分子結晶（➡理論化学編 p.95）で、代表的な昇華性を示す物質です。昇華の際、周囲の熱を吸収するため、冷却剤として用いられます。

ヨウ素I_2やナフタレン$C_{10}H_8$も昇華性物質だよ。

▼ 実験室的製法は石灰石に塩酸を作用させる。

弱酸遊離反応を利用した気体の製法です（➡ p.90）。

$$CaCO_3 + 2HCl \longrightarrow CaCl_2 + H_2O + CO_2$$

▼ 石灰水に通じると白濁し、さらに通じると無色の溶液になる。

CO_2 の検出法です（➡ p.102）。

$$CO_2 + Ca(OH)_2 \longrightarrow CaCO_3 + H_2O$$
$$CaCO_3 + H_2O + CO_2 \longrightarrow Ca(HCO_3)_2$$

▼ 植物の光合成に使われる。

CO_2 と H_2O が植物の光合成に使われます。

$$6CO_2 + 6H_2O \longrightarrow C_6H_{12}O_6 + 6O_2$$

///////////////////
ポイント

炭素の化合物の性質

$\boxed{CO}$

・空気中で青い炎を出して燃える。高温で還元力を示す気体。
・実験室的製法 ⇒ ギ酸に濃硫酸を加えて加熱
　工業的製法 ⇒ 赤熱したコークスに水蒸気を作用させる

$\boxed{CO_2}$

・空気中の約0.03％を占める、水に溶けて酸性の気体
・固体はドライアイスと呼ばれ、昇華性をもつ
・実験室的製法は石灰石（$CaCO_3$）に塩酸を加える
・検出に石灰水を用いる

②ケイ素Si

ケイ素Siは地殻中に酸素Oに次いで多い元素です（➡p.153）。

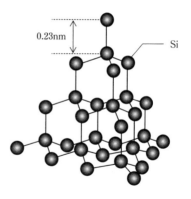

0.23nm

Si

(1) 単体

ダイヤモンドの炭素C原子をSi原子に置き換えた状態の、ダイヤモンド型共有結合結晶です。

▼ 単体のSiは半導体としての性質をもつ

高純度のSiの結晶は電気をわずかに通すため、半導体としてコンピューターなどに利用されています。

▼ 工業的製法はケイ砂SiO₂にコークスCを加えて強熱

$$SiO_2 + 2C \longrightarrow Si + 2CO$$

ケイ素は、自然界に石英、水晶、ケイ砂といった酸化物で存在しています。この酸化物をコークスCで還元して単体を取り出します。

このとき、約2000℃に熱するよ。
ゆうこちゃん、どうしてCO₂が発生しないかわかる？

何度も登場したから、余裕よ。
$$C + CO_2 \rightleftharpoons 2CO$$
これが吸熱反応で、高温だと平衡が右に移動するから、でしょ？

その通り。鉄の製法、14族のテーマでも登場したね。
化学反応式を書くとき、気をつけようね。

このとき、コークスを過剰に加えて強熱すると炭化ケイ素（カーボランダム）SiCが得られます。

$$SiO_2 + 3C \longrightarrow SiC + 2CO$$

SiCは非常に硬いダイヤモンド型の共有結合結晶です。

▼ 実験室的製法は、SiO_2にマグネシウム Mg を加えて加熱

$$SiO_2 + 2Mg \longrightarrow Si + 2MgO$$

Mgが還元剤として働き、SiO_2が還元されます。

> ////////////////////
> ### 🔖 ポイント
>
> ケイ素の単体の性質
> ・ダイヤモンド型共有結合結晶で、半導体の性質をもつ
> ・天然には石英、水晶、ケイ砂などで存在
> ・ケイ砂 SiO_2 にコークス C を加えて強熱すると得られる

(2) 化合物

SiO_2

天然に、石英、水晶、ケイ砂などで存在しています。

単体のSiのケイ素間結合Si−Siに酸素O原子が入り、Si−O−Siになった状態の共有結合結晶です。

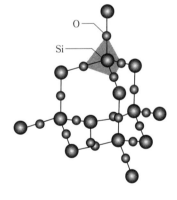

『Si原子を中心に正四面体の頂点にO原子が配列した構造』って表現になることがあるよ。

▼ 光ファイバーとして利用されている

光の透過率が高いため、光ファイバーとして利用されています。

▼ フッ化水素 HF（気体）、フッ化水素酸 HFaq（水溶液）と反応して溶解する

フッ化水素　　$SiO_2 + 4HF \longrightarrow SiF_4 + 2H_2O$

フッ化水素酸　$SiO_2 + 6HF \longrightarrow H_2SiF_6 + 2H_2O$

よって、フッ化水素酸の保存にはポリエチレン容器を使用します。

Si-Oの極性をHFが放っておかないんだよ。
4本のSi-O結合にHFがやってきて、Si-F結合4本に変化するよ。
これで、四フッ化ケイ素SiF_4だね。フッ化水素（気体）との反応だよ。

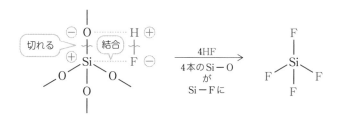

フッ化水素酸（水溶液）のとき、SiF_4は無極性
だから水溶液には馴染めないね。
さらに2分子のHFがやってきて、ヘキサフル
オロケイ酸H_2SiF_6となって溶けるよ。

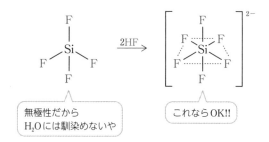

▼ 水酸化ナトリウム $NaOH$ や炭酸ナトリウム Na_2CO_3 とともに融解するとケイ酸ナトリウム Na_2SiO_3 に変化する

$$-O-\underset{\underset{ONa}{|}}{\overset{\overset{ONa}{|}}{Si}}-O-\Big]_n$$

4本の$Si-O$のうち
2本だけしか反応
しないから、高分子

$$SiO_2 + 2NaOH \longrightarrow Na_2SiO_3 + H_2O$$
$$SiO_2 + Na_2CO_3 \longrightarrow Na_2SiO_3 + CO_2$$

SiO_2 は非金属元素の酸化物であるため、酸性酸化物です（➡ p.19）。

よって、塩基性の $NaOH$ や Na_2CO_3 とともに融解すると Na_2SiO_3 に変化します。

反応式を書くときには、形式的に H_2O を加えて H_2SiO_3 に変えてみましょう（➡ p.19）。

生成する Na_2SiO_3 はイオン結晶ですが、高分子であるため水に溶解しません。

しかし、水を加えて加熱していくと、無色透明で粘性の大きい**水ガラス**が得られます。

水ガラスは接着剤など、様々な用途があるよ。

▼ 水ガラスに塩酸を加えるとケイ酸 H_2SiO_3 がゲル状沈殿として生じる

$$Na_2SiO_3 + 2HCl \longrightarrow H_2SiO_3 + 2NaCl$$

強酸の塩酸を加えると、弱酸遊離反応で H_2SiO_3 が遊離します。

ていうか、SiO_2 は酸性酸化物なんだから、H_2O と反応して H_2SiO_3 になるわよね？

$$SiO_2 + H_2O \longrightarrow H_2SiO_3$$

ゆうこちゃん。SiO_2は水晶だよ？
占い師が持ってるやつ。水晶、水に入れたら溶ける？

……そっか。共有結合結晶だから、ダイヤモンドと同じね。
水に溶けるわけないわね。

そうだね。だからケイ酸を作るのは簡単じゃないんだよ。

▼ ケイ酸H_2SiO_3を加熱乾燥すると無定形固体のシリカゲルが得られる

H_2SiO_3を加熱乾燥すると脱水が起こり、多孔質のシリカゲルが生成します。シリカゲルにはヒドロキシ基$-OH$が多数存在するため、水素結合により、水やアンモニアを吸着します。よって、乾燥剤や脱臭剤として利用されています。

```
        OH    OH                              O     OH  ← OHあり
        |     |                               ‖     |
····─O─Si─O─Si─O─····         ─O─Si─O─Si─O─
        |     |              熱         |     |
       OH    OH             ──→         O     O
       OH    OH                         |     |
        |     |                         O     O
    ─O─Si─O─Si─O─                   ─O─Si─O─Si─O─
        |     |                         |     |
       OH    OH                        OH    OH
      Na₂SiO₃                            シリカゲル
```

ケイ酸塩

地殻を構成する岩石の大部分は**ケイ酸塩**からできています。

ケイ酸塩の化学式の書き方を確認しておきましょう。

基本単位

基本単位は、SiO_4^{4-} で表すことができる正四面体（下図左）です。

この正四面体を真上から見ると正三角形で表すことができます（下図右）。

ケイ酸塩の構造と化学式

この正三角形を用いて、ケイ酸塩の構造を表現していきます。

例 輝石

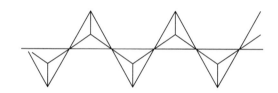

鎖状構造の中の1つの正三角形（正四面体単位）に注目してみましょう。

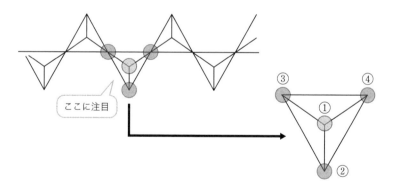

まずは、4つの酸素Oに番号をつけましょう。

頂点が①、底面の3つに②③④とします。①と②は他の正四面体と共有されていない（専有）なので「1個」とカウントします。それに対して、③

と④は隣の正四面体と共有しているので$\frac{1}{2}$個とカウントします。

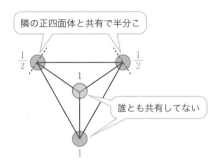

よって、この正四面体に所属する酸素Oは

$$1\times2+\frac{1}{2}\times2=3個$$

となります。

ケイ素Siは正四面体の中心に1つあるので、このケイ酸塩はSiO_3と表すことができます。

Siの酸化数は$+4$、Oの酸化数は-2であるため、全体では

$$(+4)+(-2)\times3=-2$$

となるため、このケイ酸塩の化学式は$SiO_3{}^{2-}$と書くことができます。

手を動かして練習してみよう!!

雲母の構造は次のように表すことができます。これより雲母の化学式を書きなさい。

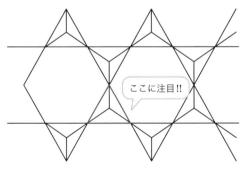

解：

1つの正三角形（正四面体単位）に注目すると、次のようになります。

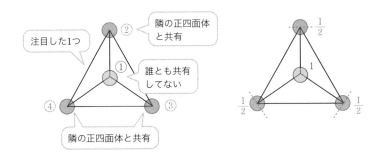

①の酸素Oは共有していないため、専有で1個。②③④は隣の三角形と共有

しているため$\frac{1}{2}$個となり、Oの総数は

$$1+\frac{1}{2}\times3=\frac{5}{2}個$$

であるため、$SiO_{\frac{5}{2}}$となります。整数にするため2倍してSi_2O_5です。

Siの酸化数が$+4$、Oの酸化数が-2なので、全体では

$$(+4)\times2+(-2)\times5=-2$$

となり、化学式は$Si_2O_5^{2-}$と表すことができます。

手を動かして練習してみよう!!

14族の単体や化合物に関する文章(1)〜(7)で、正しいものはいくつある？

(1) 炭素にはダイヤモンドや黒鉛などの同位体が存在する。

(2) 二酸化炭素は水上置換で捕集する。

(3) ケイ素の単体は光ファイバーとして利用されている。

(4) ケイ素の単体はケイ砂にコークスを加えて強熱すると得られる。

(5) 二酸化ケイ素はフッ化水素酸と反応して溶解する。

(6) 水ガラスに塩酸を加えるとケイ酸が得られる。

(7) 水ガラスは多孔質の固体で、乾燥剤に利用されている。

解：

(1) ダイヤモンドや黒鉛は、同じ元素からなる単体で<u>同素体</u>です。
　⇒　誤り

(2) 二酸化炭素は水溶性で空気より重い気体のため、<u>下方置換</u>で捕集します。
　⇒　誤り

(3) ケイ素の単体は<u>半導体</u>として利用されています。光ファイバーは二酸化ケイ素です。⇒　誤り

(4) ケイ素の単体はケイ砂 SiO_2 にコークスを加えて強熱し、還元することで得られます。
　⇒　正しい

(5) 二酸化ケイ素はフッ化水素やフッ化水素酸と反応して溶解します。よって、フッ化水素酸の保存にはガラス瓶ではなく、ポリエチレン容器を使用します。　⇒　正しい

(6) ケイ酸ナトリウムに塩酸を加えると弱酸遊離反応により、ケイ酸が得られます。　⇒　正しい

(7) 水ガラスは<u>粘性の大きい液体</u>で、接着剤などに利用されています。多孔質の固体で乾燥剤などに利用されているのはシリカゲルです。　⇒　誤り
　よって、正しいものは 3つ です。

///////////////////////
🔖 ポイント

ケイ素の化合物の性質

・SiO_2 は光ファイバーとして利用されている

・SiO_2 はフッ化水素 HF（気体）、フッ化水素酸 HFaq（水溶液）と反応して溶解する
　⇒　ポリエチレン容器保存

$$SiO_2 \xrightarrow{\text{NaOH or Na}_2\text{CO}_3} Na_2SiO_3 \xrightarrow[\text{熱}]{\text{H}_2\text{O}} \text{水ガラス} \cdots\cdots$$

$$\cdots\cdots \xrightarrow{\text{HCl}} H_2SiO_3 \xrightarrow{\text{熱}} \text{シリカゲル}$$

§2 15族

15族で押さえておくべき非金属元素は窒素NとリンPです。ともに、植物の生育に必要な元素で、肥料の三要素（N・P・K）です。

①窒素N

(1) 単体

窒素N_2は空気中の約80％を占め、最も多く含まれる気体です。

▼ 無色無臭、水に不溶で非常に安定な気体

N_2は非常に安定で、例えば空気中で点火したくらいでは燃焼しません。

アンモニアNH_3の工業的製法であるハーバー・ボッシュ法（➡ p.145）のように、高温・高圧・触媒により反応するほど、N_2は安定で化学的に不活性なのです。

$$N_2 + 3H_2 \rightleftharpoons 2NH_3$$

500℃、31×10⁷Pa、Fe_3O_4触媒

▼ 工業的製法は液体空気の分留

工業的には、液体空気を分留することで得られます。空気は約80％のN_2（沸点約−196℃）と約20％のO_2（沸点約−183℃）が主な成分です。よって分留（沸点の違いを利用した分離精製法）によってN_2を取り出します。

▼ 実験室的製法は亜硝酸アンモニウムNH_4NO_2を加熱

分解反応を利用して、NH_4NO_2を加熱してN_2を取り出します（➡ p.92）。

$$NH_4NO_2 \longrightarrow N_2 + 2H_2O$$

(2) 化合物

アンモニア NH_3

▼ 無色刺激臭、水に非常によく溶ける塩基性の気体

NH_3 は刺激臭の気体の1つです（➡ p.95）。

水溶性の気体　$\underline{NH_3}$・HCl・Cl_2・CO_2・NO_2・SO_2・H_2S

水への溶解度が非常に大きいため、塩化水素 HCl 同様、ヘンリーの法則が成立しません（➡ 理論化学編 p.349）。

そして、水に溶けて弱塩基性を示します。

$$NH_3 + H_2O \rightleftharpoons NH_4^+ + OH^-$$

余裕があったら、ここで弱酸・弱塩基の電離平衡を復習しておこうね（➡ 理論化学編 p.322）。

塩基性であるため HCl と中和反応を起こし、塩化アンモニウム NH_4Cl の白煙を生じます。これが NH_3 の検出として利用されています（➡ p.101）。

$$NH_3 + HCl \longrightarrow NH_4Cl$$

高校化学で登場する塩基性の気体は NH_3 しかないから、リトマス紙が青く変わることでも特定できるよ。

▼ 分子間力が大きく、加圧により容易に凝縮するため、蒸発熱が大きい

NH_3 は分子間に結合力の強い水素結合を形成しているため、容易に凝縮します。よって、逆の状態変化である蒸発が起こりにくく（蒸発熱が大きい）、蒸発するときに周囲から多くの熱を奪います。

これを利用し、製氷機などの冷媒として利用されています。

『凝縮しやすい＝蒸発しにくい』はわかったわ。
でも、『分子間力が大きいと凝縮しやすい』理由がわからないわ。

基本的に気体は『分子間力＜熱運動で動き回ろうとする力』の関係が成立しているから、分子間力を振り切って、分子が自由に動き回っているよね。分子間力が強いと、分子同士が集まりやすくなるから、液体に戻りやすいんだよ。

▼ **実験室的製法は、塩化アンモニウム NH_4Cl と水酸化カルシウム $Ca(OH)_2$ の混合物を加熱**

弱塩基遊離反応を利用した気体の製法です（➡ p.91）。

$$2NH_4Cl + Ca(OH)_2 \longrightarrow CaCl_2 + 2NH_3 + 2H_2O$$

▼ **工業的製法は高温、高圧、触媒存在下で窒素 N_2 と水素 H_2 を反応させる**

ハーバー・ボッシュ法です（➡ p.145）。

$$N_2 + 3H_2 \rightleftharpoons 2NH_3$$

このようにして合成された NH_3 は、硝酸 HNO_3 の製造（オストワルト法 ➡ p.142）、肥料（硫酸アンモニウム $(NH_4)_2SO_4$ などのアンモニウム塩）、尿素 $CO(NH_2)_2$[※] の製造に利用されています。

[※]尿素 $CO(NH_2)_2$ は NH_3 を二酸化炭素 CO_2 と反応させると得られます。
$$2NH_3 + CO_2 \longrightarrow CO(NH_2)_2 + H_2O$$
尿素樹脂（➡ 有機化学編 p.307）や肥料の原料に利用されています。

ちなみに、アンモニウムイオン NH_4^+ の検出には、ネスラー試薬っていうのが使われるんだよ。
NH_4^+ が少量のときは黄色、多量の時には赤褐色になるんだ。

//////////////////////

📖 ポイント

NH_3 の性質

・無色刺激臭、水に非常によく溶ける塩基性の気体

・加圧により容易に凝縮。蒸発熱が大きい

・実験室的製法　⇒　NH_4Cl と $Ca(OH)_2$ の混合物を加熱

・工業的製法　⇒　ハーバー・ボッシュ法

窒素は様々な酸化数の酸化物を作ります。代表的なものを中心に確認していきましょう。

一酸化窒素 NO

▼ **無色で水に不溶、中性の気体。空気中の酸素と反応し、容易に二酸化窒素 NO_2 に変化。**

NO は空気と接触すると O_2 と反応し、赤褐色の NO_2 に変化します。

$$2NO + O_2 \longrightarrow 2NO_2$$

オストワルト法（➡p.142）で登場したわね。

▼ **実験室的製法は銅 Cu に希硝酸 HNO_3 を加える**

酸化還元反応を利用した気体の製法です（➡p.89）。

$$3Cu + 8HNO_3 \longrightarrow 3Cu(NO_3)_2 + 2NO + 4H_2O$$

これ以外に、NO は空気中で火花放電が起こると生じるよ。

$$N_2 + O_2 \rightleftharpoons 2NO$$

火花放電ってなあに？

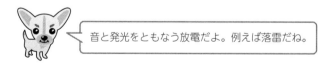

音と発光をともなう放電だよ。例えば落雷だね。

二酸化窒素 NO_2

▼ 赤褐色で刺激臭、水溶性、酸性、有毒な気体。

水溶性について、冷水と温水で化学反応式が異なることに注意しましょう(➡ p.144)。

冷水 　$2NO_2 + H_2O \longrightarrow HNO_3 + HNO_2$

温水 　$3NO_2 + H_2O \longrightarrow 2HNO_3 + NO$

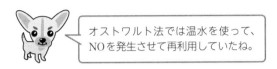

オストワルト法では温水を使って、NOを発生させて再利用していたね。

▼ 冷却すると一部が四酸化二窒素 N_2O_4 に変化する

$$2NO_2 \underset{\text{赤褐色}}{\rightleftharpoons} \underset{\text{無色}}{N_2O_4}$$

常温でもこの平衡が成立しています。

この反応が発熱反応であるため、次のような変化が見られます。

温度を下げる ⇒ 平衡が右に移動 ⇒ 無色の N_2O_4 が増加
⇒ 赤褐色が薄くなる

温度を上げる ⇒ 平衡が左に移動 ⇒ 赤褐色の NO_2 が増加
⇒ 赤褐色が濃くなる

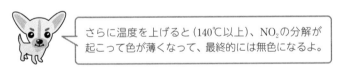

さらに温度を上げると(140℃以上)、NO_2の分解が起こって色が薄くなって、最終的には無色になるよ。

$$2NO_2 \underset{\text{赤褐色}}{\rightleftharpoons} \underset{\text{無色}}{2NO + O_2}$$

NO_2 は不対電子をもつため、2分子が結合して N_2O_4 になるのです。

$$\underset{\boxed{NO_2}}{\overset{O}{\underset{O}{}}\!\!\diagdown\!\!N\bullet} + \underset{\boxed{NO_2}}{\bullet N\overset{O}{\underset{O}{}}} \xrightarrow{\text{会合}} \underset{\boxed{N_2O_4}}{\overset{O}{\underset{O}{}}\!\!\diagdown\!\!N\!-\!N\overset{O}{\underset{O}{}}}$$

▼ 実験室的製法は銅 Cu に濃硝酸 HNO₃ を加える

酸化還元反応を利用した気体の製法です（➡ p.89）。

$$Cu + 4HNO_3 \longrightarrow Cu(NO_3)_2 + 2NO_2 + 2H_2O$$

これら以外にも、笑気ガスとして麻酔に利用されている亜酸化窒素 N₂O や、水に溶解して亜硝酸 HNO₂ になる三酸化二窒素 N₂O₃、水に溶解して硝酸 HNO₃ になる五酸化二窒素 N₂O₅ があるよ。

$$N_2O_3 + H_2O \longrightarrow 2HNO_2$$
$$N_2O_5 + H_2O \longrightarrow 2HNO_3$$

📖 ポイント

窒素酸化物 NOₓ の性質

NO

・空気中の酸素と反応し、容易に二酸化窒素 NO₂ に変化

・**実験室的製法** ⇒ Cu + 希硝酸

NO₂

・赤褐色で刺激臭、水溶性、酸性、有毒

・2NO₂（赤褐色）⇌ N₂O₄（無色）の平衡が成立

〈右が発熱方向〉

　　温度を下げる ⇒ 気体の色が薄くなる

　　温度を上げる ⇒ 気体の色が濃くなる

・**実験室的製法** ⇒ Cu + 濃硝酸

硝酸 HNO_3

▼ 無色、揮発性の強酸

硝酸以外の揮発性の酸、覚えてる？

『揮発性の酸遊離反応 (➡ p.43)』で覚えたわ。
硝酸・塩酸・フッ化水素酸!!

▼ 酸化力が強い

イオン化傾向が H_2 より小さい、Cu・Hg・Ag も溶かすことができます (➡ p.112)。

また、非金属の単体である炭素 C、リン P、硫黄 S も酸化し、オキソ酸に変化させます。

$$3C + 4HNO_3 + H_2O \longrightarrow 3H_2CO_3 + 4NO$$

$$3P + 5HNO_3 + 2H_2O \longrightarrow 3H_3PO_4 + 5NO$$

$$S + 2HNO_3 \longrightarrow H_2SO_4 + 2NO$$

▼ 感光性がある (褐色ビン保存)

光をあてると分解が起こり、NO_2 に変化するため、無色透明の硝酸が黄褐色に変化していきます。

$$4HNO_3 \longrightarrow 4NO_2 + 2H_2O + O_2$$

それを防ぐため、硝酸は褐色ビンに保存します。

▼ 実験室的製法は硝酸ナトリウム $NaNO_3$ に濃硫酸を加えて加熱

揮発性の酸遊離反応を利用した気体の製法です (➡ p.44)。

$$NaNO_3 + H_2SO_4 \longrightarrow HNO_3 + NaHSO_4$$

化学反応式の係数が2にならないのがポイントだったね。
忘れていたら揮発性の酸遊離反応に戻って復習しておこうね（➡ p.44）。

▼ **工業的製法はオストワルト法（➡ p.142）**

反応1：$4NH_3 + 5O_2 \longrightarrow 4NO + 6H_2O$

反応2：$2NO + O_2 \longrightarrow 2NO_2$

反応3：$3NO_2 + H_2O \longrightarrow 2HNO_3 + NO$

まとめると　$NH_3 + 2O_2 \longrightarrow HNO_3 + H_2O$

NOを再利用するから、NH_3のmol＝HNO_3のmolになるのがポイントだったわね。

//////////////////////
📖 ポイント

硝酸HNO_3の性質

・無色、揮発性の強酸、酸化力が強い

・感光性がある　⇒　褐色ビン保存

・実験室的製法は$NaNO_3$に濃硫酸を加えて加熱

・工業的製法はオストワルト法

手を動かして練習してみよう!!

窒素の単体や化合物に関する文章(1)〜(7)で、正しいものはいくつある？
(1) 単体の窒素は空気中で加熱すると容易に一酸化窒素に変化する
(2) 窒素の単体は亜硝酸アンモニウムを加熱すると得られる
(3) アンモニアはオストワルト法で合成する
(4) 一酸化窒素は空気と接触すると無色に変化する
(5) 一酸化窒素が水に溶解すると亜硝酸に変化する
(6) 銅に濃硝酸を加えると二酸化窒素が発生する
(7) 硝酸は感光性があるため、褐色ビンに保存する

解：
(1) 単体の窒素 N_2 は非常に安定であるため、空気中で加熱したくらいでは<u>酸化されません</u>。　⇒　誤り
(2) 亜硝酸アンモニウムを加熱すると分解反応により N_2 が発生します。
　　⇒　正しい
$$NH_4NO_2 \longrightarrow N_2 + 2H_2O$$
(3) NH_3 は<u>ハーバー・ボッシュ法</u>で合成します。オストワルト法は硝酸の工業的製法です。　⇒　誤り
(4) NO は空気中の酸素に酸化され、容易に<u>赤褐色</u>の NO_2 に変化します。
　　⇒　誤り
(5) NO は水に不溶の気体です。水に溶解して亜硝酸になるのは<u>N_2O_3</u>です。
　　⇒　誤り
(6) 濃硝酸が酸化剤として働き、NO_2 が発生します。　⇒　正しい
(7) 硝酸は光が当たると NO_2 に変化する（感光性がある）ため、褐色ビンに保存します。　⇒　正しい
　以上より、正しいものは 3つ です。

②リンP

(1) 単体

リンの単体には同素体が存在します。代表的な同素体を、性質の違いに注目しながら確認していきましょう。

黄リンP_4

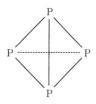

▼ 淡黄色の固体

▼ 空気中で自然発火 (水中保存)

黄リンの発火点は約35℃で、空気中で自然発火するため、水中に保存します。

空気中ってなかなか35℃にならなくない？

そうだね。どうして自然発火するか、ゆっくり確認してみるよ。
黄リンは正四面体で結合角度が60°で不安定なんだ。(90〜180°が安定)
だから空気中でO原子を受け入れて (酸化されて)、結合角度を大きくするんだ。

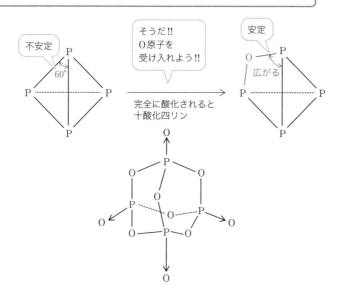

この酸化の熱で発火点に達して自然発火しちゃうんだよ。

▼ 猛毒

非常に毒性が強いため、取り扱いには注意が必要です。

▼ 湿った空気中で青白く光る (リン光)
▼ 二硫化炭素 CS_2 に溶解

黄リンは無極性分子であるため、無極性溶媒の CS_2 に溶解します。

▼ リン鉱石 (主成分：リン酸カルシウム $Ca_3(PO_4)_2$) をケイ砂 SiO_2 とコークス C と混ぜて強熱すると得られる

リンは自然界にリン鉱石 $Ca_3(PO_4)_2$ で存在しています。このリン鉱石にケイ砂とコークスを混ぜて強熱します。

$$2Ca_3(PO_4)_2 + 6SiO_2 + 10C \longrightarrow 6CaSiO_3 + 10CO + P_4 \quad \cdots\cdots ※$$

この反応は、次の3つの式に分けて考えるといいでしょう。

(ⅰ) $Ca_3(PO_4)_2$ の分解

$Ca_3(PO_4)_2$ が熱により分解し、酸化カルシウム CaO と十酸化四リン P_4O_{10} に変化します。

$$2Ca_3(PO_4)_2 \longrightarrow 6CaO + P_4O_{10}$$

(ⅱ) (ⅰ) で生じた CaO とケイ砂 SiO_2 と反応

CaO は塩基性酸化物、SiO_2 は酸性酸化物であるため中和反応が進行します。

$$CaO + SiO_2 \longrightarrow CaSiO_3$$

(ⅲ) (ⅰ) で生じた P_4O_{10} とコークス C が反応

P_4O_{10} が C で還元されて単体の P_4 に変化します。

$$P_4O_{10} + 10C \longrightarrow P_4 + 10CO$$

(ⅰ)〜(ⅲ) をまとめると※式になります。

また出た！　高温だからCO_2じゃなくてCO発生!!

赤リンP_x

▼ 暗赤色の粉末

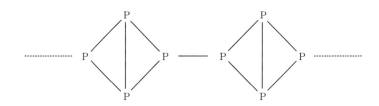

赤リンの構造が図を見てもよく分からないわ。

黄リンの$P-P$結合が1本切れて、他の黄リンと結合してるんだよ。巨大分子だね。

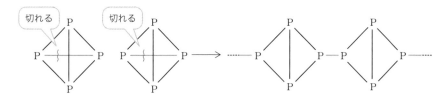

▼ マッチの側薬に利用されている。

　マッチの側薬に含まれているのが赤リンです。

ここが赤リン

空気中では発火しませんが、摩擦の熱によって発火し、マッチ棒の先端の火薬に引火します。

▼ 空気を遮断して、黄リンを約250℃に加熱すると得られる

空気と接すると、酸化されて十酸化四リンP_4O_{10}に変化してしまうため、空気を遮断して加熱していきます。それにより、P-P結合が切れ、赤リンに変化します。

///////////////////

🖐 ポイント

リンの単体（同素体）の性質

	黄リン	赤リン
性質	淡黄色の固体・空気中で自然発火（水中保存）・猛毒・リン光・CS_2に溶解	暗赤色の粉末・マッチの側薬に利用されている
製法	リン鉱石にケイ砂とコークスを混ぜて強熱	空気を遮断して黄リンを約250℃に加熱

(2) 化合物

十酸化四リンP_4O_{10}

▼ リンの単体を空気中で燃焼させると生じる

$$4P + 5O_2 \longrightarrow P_4O_{10}$$

▼ 吸湿性、脱水性が強いため、乾燥剤として使用される

▼ 水を加えて加熱するとリン酸H_3PO_4が得られる

$$P_4O_{10} + 6H_2O \longrightarrow 4H_3PO_4$$

酸化物XOが水と出会うとオキソ酸XOHに変わる！　でいいの？

$$\begin{array}{c} O \\ \uparrow \\ HO-P-OH \\ | \\ OH \end{array}$$

リン酸

そうだよ。リン酸の構造、書けるかどうか、復習しておこうね（➡ p.14）。

▼ **リン酸 H_3PO_4 は水に溶けて酸性**

強さは中くらい(弱酸の中では強い)です。次のように3段階で電離します。

$$H_3PO_4 \rightleftharpoons H_2PO_4^- + H^+$$

$$H_2PO_4^- \rightleftharpoons HPO_4^{2-} + H^+$$

$$HPO_4^{2-} \rightleftharpoons PO_4^{3-} + H^+$$

弱酸の電離平衡(➡理論化学編 p.323)やリン酸二水素塩の液性(➡理論化学編 p.148)など、理論化学の分野で学んだことも復習しておこうね。

過リン酸石灰

▼ **$Ca_3(PO_4)_2$ を適量の硫酸を反応させると過リン酸石灰とよばれる肥料になる**

リンPは肥料の三要素の1つ(根の生育に必要)です。

リン鉱石に含まれる $Ca_3(PO_4)_2$ は水に難溶であるため、肥料には適しません。

よって、$Ca_3(PO_4)_2$ を適量の硫酸と反応させ、水溶性のリン酸二水素カルシウム $Ca(H_2PO_4)_2$ と硫酸カルシウム $CaSO_4$ の混合物にした肥料が過リン酸石灰です。

$$Ca_3(PO_4)_2 + 2H_2SO_4 \longrightarrow Ca(H_2PO_4)_2 + 2CaSO_4$$

手を動かして練習してみよう!!

リンの単体や化合物に関する文章(1)〜(7)で、正しいものはいくつある?

(1) 黄リンは空気中で自然発火するため、石油中に保存する。

(2) 黄リンは湿った空気中で青白く発光する。

(3) 赤リンはマッチ棒の火薬に利用されている。

(4) リン鉱石の主成分はリン酸カルシウムである。

(5) 黄リンも赤リンも、燃焼させると十酸化四リンに変化する。

(6) 十酸化四リンに水を加えて加熱するとリン酸に変化する。

(7) リン酸は脱水作用があるため、乾燥剤として利用されている。

解：

(1) 黄リンは空気中で自然発火するので、<u>水中</u>に保存します。　⇒　誤り

(2) 黄リンは湿った空気中で青白く光ります。これをリン光といいます。
　　⇒　正しい

(3) 赤リンは<u>マッチの側薬</u>として利用されています。　⇒　誤り

(4) リン鉱石の主成分はリン酸カルシウム $Ca_3(PO_4)_2$ です。リン鉱石にケイ砂
　　とコークスを加えて強熱すると黄リンが得られます。　⇒　正しい

(5) リンの単体を燃焼させると十酸化四リンに変化します。　⇒　正しい
$$4P + 5O_2 \longrightarrow P_4O_{10}$$

(6) P_4O_{10} に水を加えて加熱するとリン酸 H_3PO_4 が得られます。酸化物 XO が
　　水に出会うとオキソ酸 XOH ですね。　⇒　正しい
$$P_4O_{10} + 6H_2O \longrightarrow 4H_3PO_4$$

(7) 乾燥剤として利用されているのは<u>P_4O_{10}</u>です。　⇒　誤り

　以上より、正しいものは 4つ です。

👉 ポイント

リンの化合物の性質

$\boxed{P_4O_{10}}$

・単体のリンを燃焼させると得られる

・吸湿性、脱水性が強い　⇒　乾燥剤

・水を加えて加熱すると H_3PO_4 （水に溶解し酸性）

$\boxed{過リン酸石灰}$

・$Ca_3(PO_4)_2$ を適量の硫酸と反応させて得られる肥料

§3 | 16族

16族で押さえておくべき非金属元素は酸素Oと硫黄Sです。ともに、単体は同素体が存在します。すでに性質を学んだものが多いですが、それらの復習もしながら確認していきましょう。

①酸素O

地殻中に最も多く存在する元素です（クラーク数1位➡p.153）。

(1)単体

酸素O_2とオゾンO_3の同素体が存在します。

性質の違いに注目しながら、それぞれを確認していきましょう。

[酸素O_2]

▼ 無色無臭の気体。N_2に次いで空気中に多い。

空気中の約20％を占める気体です。酸化力をもちますが、弱いため、ヨウ化カリウムデンプン紙（➡p.96）が青く変わることはありません。

▼ 実験室的製法は過酸化水素H_2O_2水に酸化マンガン(IV)MnO_2を加える、もしくは、塩素酸カリウム$KClO_3$に酸化マンガン(IV)MnO_2を加えて加熱する分解反応を利用した気体の製法です（➡p.92）。MnO_2は触媒として働きます。

$$2H_2O_2 \longrightarrow O_2 + 2H_2O$$
$$2KClO_3 \longrightarrow 2KCl + 3O_2$$

▼ 工業的製法は液体空気の分留、もしくは、水の電気分解。

N_2同様、液体空気の分留によって取り出します（➡p.227）。

もしくは水の電気分解です。水はほとんど電離しておらず、電流が流れにくいため、通常、O_2発生に影響のない電解質を加えて電気分解をおこないます。

オゾンO_3

▼ 淡青色特異臭、酸化力の強い気体。

ニンニク臭ともいわれる特異な臭いの気体です。酸化力が強いため、ヨウ化カリウムデンプン紙で検出可能です（➡p.96）。

$$2KI + O_3 + H_2O \longrightarrow I_2 + 2KOH + O_2$$

また、酸化力を利用して、殺菌脱臭剤、漂白剤に利用されています。

酸化還元反応だから、半反応式から作ってみてね。

$$2I^- \longrightarrow I_2 + 2e^-$$
$$O_3 + H_2O + 2e^- \longrightarrow O_2 + 2OH^-$$

▼ 製法はO_2中で無声放電をおこなう、もしくは、O_2に紫外線を照射する。

$$3O_2 \longrightarrow 2O_3$$

無声放電ってなあに？

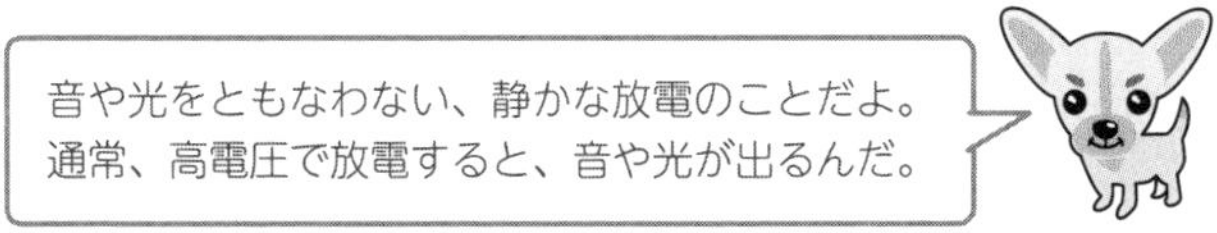

音や光をともなわない、静かな放電のことだよ。
通常、高電圧で放電すると、音や光が出るんだ。

(2) 化合物

酸素の化合物は通常、酸化物とよばれます。酸化物はそれぞれのテーマで個別に扱います。

例 二酸化硫黄SO_2は硫黄Sで扱う

酸素の単体（同素体）の性質

酸素 O_2

・無色無臭、N_2 に次いで空気中に多い気体
・実験室的製法

$$H_2O_2 + MnO_2 \text{もしくは} KClO_3 + MnO_2 \text{（加熱）}$$

・工業的製法

液体空気の分留、もしくは水の電気分解

オゾン O_3

・淡青色特異臭、酸化力の強い気体。ヨウ化カリウムデンプン紙で検出可能
・製法

O_2 中で無声放電、もしくは、O_2 に紫外線を照射

②硫黄 S

(1) 単体

硫黄 S の単体は、石油の精製などで得られます。

▼ 空気中で燃焼させると青い炎を上げる

$$S + O_2 \longrightarrow SO_2$$

燃焼して三酸化硫黄 SO_3 にならないの？

あら。接触法を思い出してごらん。

そっか。酸化バナジウム(V)V_2O_5がないと SO_2で止まるんだったわね（➡ p.147）。

▼ 金属（白金 **Pt**・金 **Au** を除く）と反応して硫化物になる

$$Fe + S \longrightarrow FeS$$

▼ 亜硫酸ナトリウム Na_2SO_3 水溶液に加えて加熱するとチオ硫酸ナトリウム $Na_2S_2O_3$ に変化

還元剤である $Na_2S_2O_3$ はこのようにして作ります。

$$S + Na_2SO_3 \longrightarrow Na_2S_2O_3$$

これらの性質は全て、S が酸化剤として働いているんだよ。

そして、Sの単体には同素体が存在します。性質の違いに注目しながら、代表的な同素体を確認していきましょう。

斜方硫黄 S_8

▼ 黄色、常温で安定。二硫化炭素 CS_2 に溶解。

分子式が S_8 の王冠型の分子です。

常温で最も安定です。

単斜硫黄 S_8

▼ 黄色、高温で安定。二硫化炭素 CS_2 に溶解。

斜方硫黄同様、分子式 S_8 の王冠型の分子です。

斜方硫黄との違いは、密度がやや小さいことです。

高温だと分子の熱運動が激しく、分子間距離が大きくなり、体積が増加するためです。

ゴム状硫黄 S_x

▼ 不安定で弾性をもつ無定形固体。二硫化炭素 CS_2 に不溶。

硫黄の融解液を加熱し、水中へ流し込んで急冷すると得られます。巨大分子で CS_2 にも溶解しません。

加熱すると S−S 結合が一部切れるんだ。急冷するとそのままつながって鎖状の無定形固体になるんだよ。

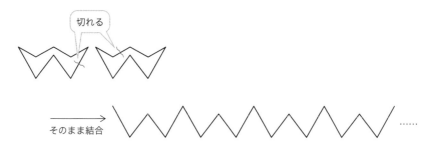

切れる

そのまま結合

//////////////////

ポイント

硫黄の単体（同素体）の性質

・空気中で青い炎を上げて燃焼

・金属（白金 Pt・金 Au を除く）と反応して硫化物に変化

・Na_2SO_3 水溶液に加えて加熱すると $Na_2S_2O_3$ に変化

・同素体

常温で安定 ⇒ 斜方硫黄 S_8

高温で安定 ⇒ 単斜硫黄 S_8

不安定な無定形固体 ⇒ ゴム状硫黄 S_x

(2) 化合物

硫化水素 H_2S

▼ 無色腐卵臭、有毒の気体。

火山ガスや温泉水に含まれる、腐卵臭で有毒の気体です。

▼ 水に溶解して弱酸性。

水溶性の気体（➡ p.95）の1つです。2価の弱酸です。

$$H_2S \rightleftarrows H^+ + HS^-$$
$$HS^- \rightleftarrows H^+ + S^{2-}$$

ゆうこちゃん、水溶性の気体は？

$NH_3 \cdot HCl \cdot Cl_2 \cdot CO_2 \cdot NO_2 \cdot SO_2 \cdot H_2S$!!!

▼ 強い還元力をもつ

還元力をもつ気体（➡ p.95）の1つです。

$$H_2S \longrightarrow S + 2H^+ + 2e^-$$

二酸化硫黄 SO_2 やヨウ素 I_2 と反応して単体に変化します。

$$SO_2 + 2H_2S \longrightarrow 2H_2O + 3S$$
$$I_2 + H_2S \longrightarrow 2HI + S$$

H_2S と SO_2 の反応はよく出題されるよ。
『混ぜ合わせると白濁』って。

白濁?? 硫黄の単体って黄色でしょ？

水中でコロイド粒子になって白濁するんだよ。

▼ 様々な重金属イオンと硫化物の沈殿を生成

系統分析（➡ p.123）にも登場します。黒色の沈殿が多いです。沈殿を作る組み合わせと合わせて復習しておきましょう。

▼ 実験室的製法は硫化鉄(Ⅱ)FeSに希硫酸や希塩酸を加える

弱酸遊離反応を利用した気体の製法です（➡ p.90）。

$$FeS + H_2SO_4 \longrightarrow FeSO_4 + H_2S$$
$$FeS + 2HCl \longrightarrow FeCl_2 + H_2S$$

二酸化硫黄 SO_2

▼ 無色刺激臭、有毒の気体。

石油中の硫黄成分が燃焼すると発生します。大気汚染や酸性雨の原因になっています。

$$2SO_2 + O_2 \longrightarrow 2SO_3$$

▼ 水に溶解して弱酸性。

水溶性の気体（➡ p.95）の1つです。水に溶解して亜硫酸 H_2SO_3 になります。

$$SO_2 + H_2O \longrightarrow H_2SO_3$$

▼ 還元力をもつ

還元力をもつ気体（➡ p.95）の1つです。亜硫酸イオン $SO_3{}^{2-}$ も還元力をもちます。

$$SO_2+2H_2O \longrightarrow SO_4{}^{2-}+4H^++2e^-$$

$$SO_3{}^{2-}+H_2O \longrightarrow SO_4{}^{2-}+2H^++2e^-$$

還元力を利用し、繊維などの漂白剤に使用されています。

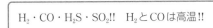
$H_2 \cdot CO \cdot H_2S \cdot SO_2!!$ H_2とCOは高温!!

▼ **実験室的製法は銅Cuに濃硫酸を加えて加熱、もしくは、亜硫酸水素ナトリウムNaHSO$_3$に希硫酸を加える**

酸化還元反応を利用した気体の製法です（➡ p.88）。

$$Cu+2H_2SO_4 \longrightarrow CuSO_4+SO_2+2H_2O$$

弱酸遊離反応を利用した気体の製法です（➡ p.91）。

$$NaHSO_3+H_2SO_4 \longrightarrow NaHSO_4+SO_2+H_2O$$

▼ **工業的製法は硫黄Sの燃焼**

濃硫酸の工業的製法である接触法（➡ p.147）で登場しましたね。

$$2SO_2+O_2 \longrightarrow 2SO_3$$

以前は黄鉄鉱FeS$_2$の燃焼を利用していました。

$$4FeS_2+11O_2 \longrightarrow 2Fe_2O_3+8SO_2$$

☞ ポイント

硫黄の化合物 (H$_2$S・SO$_2$) の性質

$\boxed{\text{H}_2\text{S}}$

・無色腐卵臭、有毒の気体

・水溶液は弱酸性

・還元力が強い

・様々な重金属イオンと硫化物沈殿生成

・実験室的製法　⇒　FeS＋希硫酸もしくは希塩酸

$\boxed{\text{SO}_2}$

・無色刺激臭、有毒の気体

・水溶液は弱酸性

・還元力をもつ

・実験室的製法

　　⇒　Cu＋濃硫酸 (加熱)、もしくは、NaHSO$_3$＋希硫酸

・工業的製法　⇒　硫黄の燃焼

$\boxed{\text{濃硫酸H}_2\text{SO}_4}$

▼ 濃度約98%、粘性・密度が大きく、沸点が高い (不揮発性) 液体

　これらの性質はH$_2$SO$_4$分子同士が、多くの水素結合を形成していることが原因です。

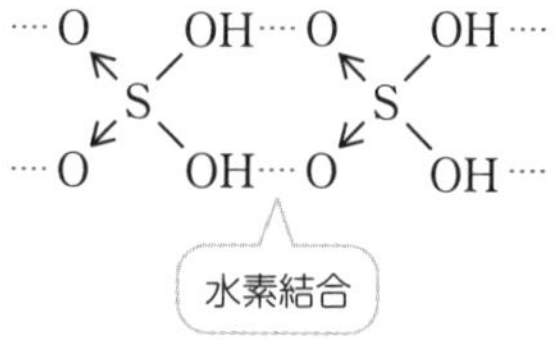

水素結合

いっぱい水素結合あるから……
結合力強くて、沸点高。
分子同士がびっしり集まって、密度大。
分子同士がビタビタにくっついて、粘性大。

すごい。全部水素結合なんだ。
ところで粘性ってなあに？

ドロドロってこと。
今晩お風呂に入ったとき、湯船の中で手を大きく左右に動かしてみて。
ちょっとドロッとしてるのがわかると思うんだ。
水も粘性があるよ。濃硫酸ほどじゃないけど。

沸点が高い（不揮発性）ことを利用して、揮発性の酸遊離反応に用いられています（➡ p.44）。

例 塩化ナトリウム NaCl と濃硫酸の反応

$$NaCl + H_2SO_4 \longrightarrow HCl + NaHSO_4$$

そして、濃硫酸には水がたったの2%しかないため、ほとんど電離していません。

通常、**「強酸性」**として扱っているのは希硫酸のことです。希硫酸の性質は「強酸性」だけです、

どゆこと？

通常 H_2SO_4 は H^+ を H_2O に投げつけて H_3O^+ にするんだ。電離定数 K_a はとっても大きいよ。投げつける能力が高いってイメージでいいよ。
だけど、投げつける相手 H_2O がいないんだ。

$$H_2SO_4 \xrightarrow{\ H^+\ } \cancel{H_2O} \longrightarrow H_3O^+$$

H^+ を投げる
相手がいない……。
イライラする。

ほとんどなし

だから、事実上、濃硫酸中の H_2SO_4 はほとんど電離できていないんだね。
たくさん電離してる、すなわち強酸は、水が十分にある希硫酸なんだよ。

H^+ を投げつける能力は一流なのに、投げつける相手がいないのね。
なんか、かわいそう。

だから濃硫酸は H_2O を求めるんだ。水を探し求める人生なんだよ。
このあと出てくる『吸水性』『脱水性』『溶解熱が大きい』っていう性質は、
水を求めることが原因なんだよ。

▼ 吸水性がある（乾燥剤として利用）

吸水性が強いため、乾燥剤として利用されています。

デシケーターに入れてあるのも濃硫酸です。

濃硫酸の吸湿性で
乾燥状態が保たれる

← 穴があいた仕切り

ここに濃硫酸

▼ 脱水性がある

　吸湿性は、水を吸収する性質のことです。それに対して、脱水性は、水を作り出して奪う（H：O＝2：1で奪う）性質のことです。水がないところから、水を作り出して奪います。

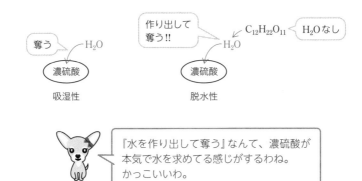

　代表的なものに、アルコールの脱水（➡有機化学編 p.90）や糖類の炭化があります。

例 エタノールC_2H_5OHの低温脱水

$$2C_2H_5OH \longrightarrow C_2H_5O\ C_2H_5 + H_2O$$

　ショ糖$C_{12}H_{22}O_{11}$の炭化

$$C_{12}H_{22}O_{11} \longrightarrow 11\ H_2O + 12C$$

白いショ糖が真っ黒のCに変化するよ。

▼ 溶解熱が大きい

　濃硫酸が水に溶解するとき、多量の熱が発生します。

　よって、濃硫酸を希釈して希硫酸を作るときは、水に濃硫酸を攪拌しながら少量ずつ加えます※。

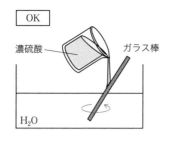
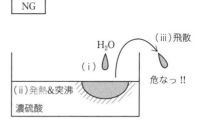

※濃硫酸に水を加えてはいけない理由
（ⅰ）濃硫酸に水を加えると、濃硫酸のほうが密度が大きいため、水が液面に浮きます。
（ⅱ）多量の溶解熱が発生し、水が突沸を起こします。
（ⅲ）（濃硫酸を連れて）周囲に飛散し、非常に危険です。

『発熱量が大きい＝物質が喜んでる』イメージだよ。
濃硫酸は水を求めているから、水と出会うと嬉しくて、
たくさん発熱するんだ。

▼ 熱濃硫酸は酸化力が強い

　熱濃硫酸は酸化力が強いため、イオン化傾向がH_2より小さいCu・Hg・Agも溶解させます（➡p.112）。

　例 Cuとの反応（酸化還元反応）

　　$Cu + 2H_2SO_4 \longrightarrow CuSO_4 + SO_2 + 2H_2O$

▼ 工業的製法は接触法（➡**p.147**）

　　$2SO_2 + O_2 \rightleftharpoons 2SO_3$（$V_2O_5$触媒）

　　$SO_3 + H_2O \longrightarrow H_2SO_4$

化学反応式はシンプルだけど、実際の手順は
少し複雑だったね。復習しておこう。

手を動かして練習してみよう!!

次の(1)〜(5)の文章中の「硫酸」が濃硫酸ではないものはどれ？

(1) 硝酸ナトリウムに硫酸を加えて加熱すると硝酸が得られる

(2) 水上置換で捕集した水素を硫酸に通じる

(3) 亜硫酸水素ナトリウム水溶液に硫酸を加えると二酸化硫黄が発生する

(4) 銅に硫酸を加えて加熱すると二酸化硫黄が発生する

(5) グルコースに硫酸を滴下すると黒変する

解：

(1) 揮発性の酸遊離反応で揮発性の硝酸を取り出しています（➡ p.44）。

このとき硫酸は不揮発性の酸として働いています。すなわち、濃硫酸の性質です。

$$NaNO_3 + H_2SO_4 \longrightarrow HNO_3 + NaHSO_4$$

(2) 水上置換で捕集した気体には、必ず水蒸気が混入しています。よって、乾燥剤に通じる必要があります（➡ p.98）。すなわち濃硫酸の吸湿性です。

(3) 弱酸遊離反応により、弱酸の亜硫酸 H_2SO_3（$H_2O + SO_2$）が遊離し、二酸化硫黄 SO_2 が発生します。（➡ p.91）。

よって、このときの硫酸は強酸として働いているため希硫酸です。

$$NaHSO_3 + H_2SO_4 \longrightarrow NaHSO_4 + SO_2 + H_2O$$

(4) 酸化還元反応により、SO_2 が発生しています。よって、このときの硫酸は酸化力をもつ熱濃硫酸です。

$$Cu + 2H_2SO_4 \longrightarrow CuSO_4 + SO_2 + 2H_2O$$

(5) グルコースは糖類です。硫酸を加えることにより黒変しているため、脱水により炭化が起こっています。よって、濃硫酸の脱水性です。

以上より、濃硫酸の性質でないのは (3) です。

> ////////////////////
> 🔖 **ポイント**

硫酸の性質

[濃硫酸]

- 濃度約98%、粘性・密度が大きく、沸点が高い（不揮発性）液体
- 吸湿性（乾燥剤として利用）
- 脱水性
- 溶解熱が大きい（希硫酸の作り方に注意）
- 工業的製法は接触法

[希硫酸]

- 強酸性

▶ §4 17族

17族の元素をハロゲンといいます。「周期とともに性質がどのように変化するのか」という見方で確認していきましょう。

(1) 単体

全て二原子分子です。

	①			②	③	④
	融点 沸点	状態 (常温)	色	酸化力	水素との反応	水との反応
フッ素 F_2		**気体**	淡黄色		低温・暗所でも 激しく反応	激しく反応 **酸素発生**
塩素 Cl_2		**気体**	**黄緑色**		光を照射すると 激しく反応	一部反応 溶解する
臭素 Br_2		**液体**	**赤褐色**		加熱・触媒 で反応	わずかに反応 溶解する
ヨウ素 I_2		**固体**	**黒紫色**		加熱・触媒で 少量反応	反応せず **溶解しない**

①融点・沸点・常温における状態と色

ハロゲンに限らず、分子量が大きくなると分子間力が強くなります。そして、それにともない融点や沸点も高くなります。

F_2から順に、気体・気体・液体・固体という状態をとっていることにも表れていますね。

物質の三態（気体・液体・固体）が揃っているのは、17族だけです。

ここでは、常温の状態と色を暗記しておきましょう。

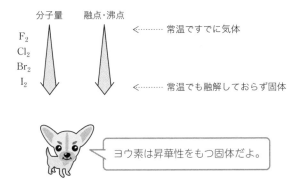

```
       分子量    融点・沸点
  F₂
  Cl₂              ←……… 常温ですでに気体
  Br₂
  I₂               ←……… 常温でも融解しておらず固体
```

ヨウ素は昇華性をもつ固体だよ。

②酸化力

ハロゲンは全て1価の陰イオンになりやすいため、酸化剤として働きます。

$$X_2 + 2e^- \longrightarrow 2X^-$$

そして、酸化力は周期が増すごとに弱くなります。

酸化力　$F_2 > Cl_2 > Br_2 > I_2$

どうして周期が増すごとに酸化力が弱くなるの？

ハロゲンの単体が酸化剤として働くとき、X^+とX^-にわかれて、X^+がe^-を奪いにいくんだ。
分子の状態でe^-を奪ってるわけじゃないんだね。

$$X \overset{\bullet}{\bullet} \,|\, X \longrightarrow X^- + X^+ \qquad \overset{e^-}{\underset{e^-}{}}$$

e⁻ を奪いに行くぜー

半径の大きいものほど正電荷が最外殻まで届きにくくなるから、
e⁻ を奪う力、すなわち酸化力が弱くなるんだ。

最外殻 ⎯ 最外殻

$\oplus \longleftarrow e^-$ $\qquad$ $\oplus \longleftarrow \cdots e^-$

これを利用して、ハロゲンの単体が作られています。

例 臭化カリウム KBr に塩素 Cl_2 を作用させると臭素 Br_2 が生成する。

$$2KBr + Cl_2 \longrightarrow Br_2 + 2KCl$$

酸化還元反応は
　　還元剤 ＋ 酸化剤 ⟶ 弱い酸化剤 ＋ 弱い還元剤
と表すことができるんだ（➡ 理論化学編 p.186）。
だからこの反応は進行するんだ。

$$\underset{\text{還元剤}}{2K\underline{Br}} \quad + \quad \underset{\text{酸化剤}}{\underline{Cl}_2} \quad \longrightarrow \quad \underset{\text{比べて弱い酸化剤}}{\overset{\bullet\bullet}{\underline{Br}}_2} \quad + \quad \underset{\text{比べて弱い還元剤}}{2K\underline{Cl}}$$

でも、逆反応は進行しないね。

$$\underset{\text{還元剤}}{2K\underline{Cl}} \quad + \quad \underset{\text{酸化剤}}{\underline{Br}_2} \quad \overset{\times}{\longrightarrow} \quad \underset{\text{比べて強い酸化剤}}{\overset{\bullet\bullet}{\underline{Cl}}_2} \quad + \quad \underset{\text{比べて強い還元剤}}{2K\underline{Br}}$$

③水素との反応

周期が増すほど酸化力が弱くなり、それにともない反応性が低くなります。それがそのまま表れていますね。

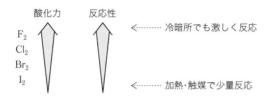

酸化力　反応性

F_2
Cl_2
Br_2
I_2

←……… 冷暗所でも激しく反応

←……… 加熱・触媒で少量反応

④水との反応

③の「水素との反応」同様、周期が増すほど酸化力が弱くなり、反応性が低くなります。

フッ素F_2から順に確認していきましょう。

$\boxed{F_2}$　$2F_2 + 2H_2O \longrightarrow 4HF + O_2$

この反応は特殊です。酸素Oの酸化数に注目してみましょう。

$$2F_2 + 2H_2\underset{-2}{O} \longrightarrow 4HF + \underset{0}{O_2}$$

酸素Oが酸化されていることがわかりますね。通常、酸素Oは酸化する側であり、酸化される側ではありません。その酸素Oが酸化されるくらい、F_2の酸化力が強いということです。

電気陰性度（➡理論化学編p.66）を思い出してみよう。
ナンバー1がフッ素F、　ナンバー2が酸素Oだよ。
酸素Oからe^-を奪える（酸素Oを酸化できる）のがフッ素F
だけっていうのは納得だよね。

$\boxed{Cl_2}$　$Cl_2 + H_2O \rightleftarrows HCl + HClO$

塩素Cl_2はフッ素F_2と違い、酸素Oを酸化することはできません。よって、ハロゲンの酸化力に従い、Cl^+とCl^-にわかれ、水のH^+とOH^-と結合します。

$$\underline{Cl^+Cl^-} + \underline{H^+OH^-} \longrightarrow \underline{HCl} + \underline{ClOH}$$

> 次亜塩素酸の化学式はHClOって書くけど、オキソ酸の本当の姿はXOHだったね（➡ p.12）。
> だからCl−OHだよ。

　酸素Oの酸化数は変化しておらず、塩素Clは酸化されたものと還元されたものがあります。これを、自己酸化還元といいます。

$$\underset{0}{Cl_2} + H_2O \rightleftharpoons \underset{-1}{H\underline{Cl}} + \underset{+1}{H\underline{Cl}O}$$

　このとき生じる次亜塩素酸HClOは、酸化力が強く殺菌漂白作用をもちます。

> だから塩素消毒っていうのね。あれ、次亜塩素酸の力だったんだ！

$\boxed{Br_2}$ $Br_2 + H_2O \longrightarrow HBr + HBrO$

　塩素Cl_2と同じ反応がわずかに進行するため、水に溶解します。臭素水は、有機化学でアルケンの検出でよく出題されます（➡有機化学編 p.75）。

$\boxed{I_2}$ **反応しないため、水に溶解しない**

　ヨウ素I_2は酸化力が弱く、水と反応しません。よって、水に溶解しません。

> 『反応するかどうか』と『溶解するかどうか』って関係あるの？

> あるよ。I_2ってこのままの形で水に溶ける？

そんなの覚えてないと答えられないわよね？
溶けないんでしょ？

落ち着いて考えるんだよ。I_2は無極性分子だよ。
I_2だけじゃない。ハロゲンの単体、みんな無極性分子だよ。

!!!わかった。だから極性溶媒の水には溶けないんだ。
（➡理論化学編 p.336）

そうだね。F_2・Cl_2・Br_2は反応して極性分子に変わるから溶けるんだ。

　I_2は固体なので、そのままでは反応しにくく、何かに溶解させる必要があります。

　そこでよく利用されるのが、ヨウ化カリウムKI水溶液です。

　<u>I_2は三ヨウ化物イオンI_3^-となってKI水溶液に溶解し</u>、ヨウ素ヨウ化カリウム溶液（ヨウ素溶液）になります。そして、I_3^-は**褐色**です。

$$I_2 + I^- \rightleftharpoons I_3^-$$
黒紫色　　　　　　褐色

注意：色を問われたとき、問題をよく読みましょう。
　　　高い確率で「ヨウ化カリウム水溶液」という表記が見つかるはずです。
　　　ヨウ化カリウム水溶液に溶解させて反応に使うからです。
　　　黒紫色と答えるより、褐色と答える問題の方が圧倒的に多いです。

I_2は無極性分子だから、無極性溶媒に溶けるんじゃないの？

溶けるよ。四塩化炭素やヘキサン、ベンゼンやエタノールに溶解するよ。

その他の性質

$\boxed{Cl_2}$

▼ 実験室的製法

酸化マンガン(IV)MnO_2 に濃塩酸を加えて加熱、もしくは、さらし粉
$CaCl(ClO) \cdot H_2O$ に希塩酸を加える

酸化還元反応を利用した気体の製法です。実験装置も合わせて復習しておきましょう（➡ p.87）。

$$MnO_2 + 4HCl \longrightarrow MnCl_2 + 2H_2O + Cl_2$$

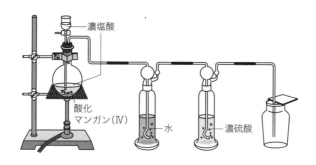

弱酸遊離反応＋酸化還元反応を利用した気体の製法です（➡ p.88）。

$$CaCl(ClO) \cdot H_2O + 2HCl \longrightarrow CaCl_2 + 2H_2O + Cl_2$$

▼ 湿った水酸化カルシウム $Ca(OH)_2$ に吸収させると、さらし粉
　$CaCl(ClO) \cdot H_2O$ が生成

さらし粉の製法として頭に入れておきましょう（➡ p.177）。

$$Ca(OH)_2 + Cl_2 \longrightarrow CaCl(ClO) \cdot H_2O$$

$\boxed{I_2}$

▼ **ヨウ素溶液にデンプン水溶液を加えると青紫色になる (ヨウ素デンプン反応)**

I_2 やデンプンの検出に利用されます (➡有機化学編 p.214)。有機化学の多糖類でよく出題されるので、確認しておきましょう。

////////////////
ポイント

ハロゲンの単体の性質

	状態 (常温)	色	酸化力	水との反応
F_2	**気体**	淡黄色	↑	$2F_2 + 2H_2O \longrightarrow 4HF + O_2$
Cl_2	**気体**	**黄緑色**		$Cl_2 + H_2O \rightleftarrows HCl + HClO$
Br_2	**液体**	**赤褐色**		**臭素水**
I_2	**固体**	**黒紫色**	↓	水に不溶・**KI水溶液に溶解して褐色**

(2) 化合物

ハロゲン化水素 HX

ハロゲン化水素の性質は「フッ化水素 HF のみ特別」という意識をもって確認していきましょう。

	① 沸点	② 水溶液 ([名]〜酸)		③ その他性質
フッ化水素 HF	最も高い	フッ化水素酸 弱酸		ガラス (SiO_2) と反応 ⇒ ポリエチレン容器保存
塩化水素 HCl	↓	塩酸 (塩化水素酸) 強酸	強さ ↓	NH_3 を近づけると白煙を生じる
臭化水素 HBr		臭化水素酸 強酸		―
ヨウ化水素 HI		ヨウ化水素酸 強酸		―

①沸点

通常、分子量が大きくなるほど沸点が
高くなりますが、フッ化水素HFだけは
別格です。

分子量が最小ですが、沸点は一番高い
のです。

<u>分子間に結合力の強い水素結合を形成
しているため</u>です。

それ以外のハロゲン化水素は分子量が
大きくなるにつれ、沸点も高くなります。

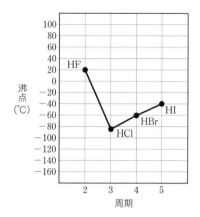

ただし、一番沸点の高い HF でも沸点は20℃であるため、揮発性です。

HF や HCl は「揮発性の酸遊離反応」を利用した製法であったことを復習して
おきましょう（➡ p.46）。

HF $CaF_2 + H_2SO_4 \longrightarrow CaSO_4 + 2HF$

HCl $NaCl + H_2SO_4 \longrightarrow HCl + NaHSO_4$

②水溶液の液性

まず、<u>ハロゲン化水素の水溶液は、名前の最後に『酸』がつきます。</u>

『酸』が付いていなかったら気体、付いていたら水溶液と判断しましょう。

塩化水素HClの水溶液は「塩化水素酸」を略して「塩酸」といわれます。

だから塩酸って混合物だったよね？

そうそう。塩化水素は純物質、塩酸は混合物。

液性のポイントは、<u>フッ化水素酸HFのみ弱酸</u>だということです。

分子間に結合力の強い水素結合を形成していることが原因です。水素結合により、H^+ が電離しにくいのです。

そして、残りのハロゲン化水素酸は全て強酸です。分子量の大きいものほど強い酸性を示します。

どうして分子量の大きいものほど酸性が強いの？

ハロゲン化物イオンの安定性が原因だよ。
ハロゲン化物イオンは「$I^- > Br^- > Cl^- > F^-$」の順で安定なんだ。
大きいイオンほど、電子が分散できて安定なんだよ。
だからイオンで存在しようとして電離しやすくなるんだ。
ここでは、『フッ化水素酸が弱酸』ということをしっかり頭に入れておくといいよ。

③その他

▼ フッ化水素 HF やフッ化水素酸 HFaq はガラス SiO_2 と反応 (➡ p.220)

そのため水溶液は、ガラス瓶ではなくポリエチレン容器に保存します。反応を復習し、保存方法を頭に入れておきましょう。

フッ化水素 HF　　　$SiO_2 + 4HF \longrightarrow SiF_4 + 2H_2O$

フッ化水素酸 HFaq　$SiO_2 + 6HF \longrightarrow H_2SiF_6 + 2H_2O$

▼ 塩化水素 HCl にアンモニア NH_3 を接触させると白煙を生じる

HCl と NH_3、それぞれの検出法でしたね (➡ p.101)。白煙は塩化アンモニウム NH_4Cl であったことと合わせて復習しておきましょう。

$$\mathrm{HCl} + \mathrm{NH_3} \longrightarrow \mathrm{NH_4Cl}$$

塩素のオキソ酸

塩素のオキソ酸の種類を確認しておきましょう。

オキソ酸 XOH	塩素の酸化数	酸の強さ	酸化物 XO $\mathrm{XO} + \mathrm{H_2O} \longrightarrow \mathrm{XOH}$
次亜塩素酸 HClO	$+1$		$\mathrm{Cl_2O}$ $\mathrm{Cl_2O} + \mathrm{H_2O} \longrightarrow 2\mathrm{HClO}$
亜塩素酸 $\mathrm{HClO_2}$	$+3$		$\mathrm{Cl_2O_3}$ $\mathrm{Cl_2O_3} + \mathrm{H_2O} \longrightarrow 2\mathrm{HClO_2}$
塩素酸 $\mathrm{HClO_3}$	$+5$		$\mathrm{Cl_2O_5}$ $\mathrm{Cl_2O_5} + \mathrm{H_2O} \longrightarrow 2\mathrm{HClO_3}$
過塩素酸 $\mathrm{HClO_4}$	$+7$		$\mathrm{Cl_2O_7}$ $\mathrm{Cl_2O_7} + \mathrm{H_2O} \longrightarrow 2\mathrm{HClO_4}$

オキソ酸の構造の書き方(➡ p.12)とオキソ酸の強弱(ここだとClの酸化数が大きいほど強い酸➡ p.16)を復習しておきましょう。

ハロゲン化銀 AgX

ハロゲン化銀に関しては、「イオンの検出」で確認しています(➡ p.131)。戻って復習しておきましょう。

ここでは、まとめだけ記しておきます。

ハロゲン化銀	水への溶解性		その他溶解性
AgF	溶解する		—
AgCl	溶解しない	白色	$\mathrm{NH_3}$ aq に溶解 $[\mathrm{Ag(NH_3)_2}]^+$
AgBr	溶解しない	淡黄色	$\mathrm{NH_3}$ aq に溶解しない
AgI	溶解しない	黄色	$\mathrm{KCN aq \cdot Na_2S_2O_3 aq}$ に溶解 $[\mathrm{Ag(CN)_2}]^- \cdot [\mathrm{Ag(S_2O_3)_2}]^{3-}$

ポイント

ハロゲンの化合物の性質

ハロゲン化水素 HX

	沸点	水溶液（名 ～酸）	その他
HF	最も高い	弱酸	ガラス（SiO_2）と反応 ⇒ ポリエチレン容器保存
HCl	↓	強酸	NH_3接触で白煙
HBr		強酸	―
HI		強酸	―

その他、塩素のオキソ酸やハロゲン化銀を復習しておこう。

手を動かして練習してみよう!!

ハロゲンの単体や化合物に関する文章 (1) ～ (7) で、正しいものはいくつある？

(1) ハロゲンの単体は全て、常温常圧で有色である

(2) フッ素と水が反応すると水素発生する

(3) ヨウ素と水が反応すると褐色の水溶液になる

(4) フッ化水素酸はガラスと反応するため、ポリエチレン容器に保存する

(5) ハロゲン化水素酸の中でフッ化水素のみ強酸である

(6) 次亜塩素酸と過塩素酸では、次亜塩素酸の方が強い酸である

(7) ハロゲン化銀は全て水に溶けない

解：

(1) 全て有色です。状態と合わせて頭に入れておきましょう。 ⇒ 正しい

F_2（淡黄色）・Cl_2（黄緑色）・Br_2（赤褐色）・I_2（黒紫色）

(2) フッ素と水が反応すると酸素O_2が発生します。 ⇒ 誤り

$2F_2 + 2H_2O \longrightarrow 4HF + O_2$

(3) ヨウ素は水と反応しないため、<u>溶解しません</u>。ヨウ化カリウム水溶液に溶解して褐色になります。　⇒　誤り

(4) フッ化水素酸はガラスと反応するため、ポリエチレン容器に保存します。
　　⇒　正しい
$$SiO_2 + 6HF \longrightarrow H_2SiF_6 + 2H_2O$$

(5) フッ化水素は、分子間に水素結合を形成するため電離しにくく<u>弱酸</u>です。それ以外のハロゲン化水素酸は強酸です。　⇒　誤り

(6) オキソ酸XOHはXの酸化数が大きいほど強い酸であるため、次亜塩素酸HClOより<u>過塩素酸HClO$_4$のほうが強い酸</u>です。　⇒　誤り

(7) <u>フッ化銀AgFのみ水に溶解</u>します。　⇒　誤り

　以上より、正しいものは 2つ です。

索 引

著者プロフィール

坂田 薫 [さかた かおる]

スタディサプリや大手予備校で長年講師とし
て教鞭をとる。その風貌と、他を圧倒するわ
かりやすさで、生徒からの人気も非常に高い。

● ブックデザイン：小川 純（オガワデザイン）
● 本文デザイン・DTP：BUCH⁺
● 編集協力：小山拓輝

**【改訂新版】坂田薫のスタンダード化学
－無機化学編**

2017年12月 1日　初 版　第1刷発行
2024年 5月17日　第2版　第1刷発行

著　者　坂田 薫
発 行 者　片岡 巌
発 行 所　株式会社技術評論社
　　　　　東京都新宿区市谷左内町 21-13
　　　　　電話　03-3513-6150　販売促進部
　　　　　　　　03-3267-2270　書籍編集部
印刷／製本　昭和情報プロセス株式会社

定価はカバーに表示してあります。

造本には細心の注意を払っておりますが、万一、乱丁（ページの乱れ）や落丁
（ページの抜け）がございましたら、小社販売促進部までお送りください。送
料小社負担にてお取り替えいたします。

ISBN978-4-297-14152-3 C7043
Printed in Japan

● 本書に関する最新情報は、技術評
論社ホームページ（https://gihyo.
jp/book/）をご覧ください。

● 本書へのご意見、ご感想は、技術
評論社ホームページ（https://
gihyo.jp/book/）または以下の
宛先へ書面にてお受けしております。
電話でのお問い合わせにはお
答えいたしかねますので、あらか
じめご了承ください。

〒162-0846
東京都新宿区市谷左内町 21-13
株式会社技術評論社書籍編集部
『坂田薫のスタンダード化学
無機化学編』係
FAX番号　03-3267-2271